"十四五"职业教育系列教材

DIANJIXUE

电机学

主　编　张　艳　杨菊梅
副主编　罗培文　欧阳微频　熊木兰

内 容 提 要

本书体现了高等职业教育的性质、任务和培养目标，全书有 5 个学习项目，内容包括变压器参数的测定、三相变压器及其运行、交流绕组、异步电机、同步电机。全书内容的编写以讲清概念、强化应用为教学重点，根据电力生产实践，简化了传统电机学教材中较繁琐的分析过程，增强了有关实践应用的内容。

本书可作为高职高专院校教育教材，亦可作为从事电力类工作的工程技术人员和教学人员参考用书。

图书在版编目（CIP）数据

电机学/张艳，杨菊梅主编．—北京：中国电力出版社，2020.12（2022.3重印）
ISBN 978-7-5198-5205-4

Ⅰ.①电… Ⅱ.①张…②杨… Ⅲ.①电机学—教材 Ⅳ.①TM3

中国版本图书馆 CIP 数据核字（2020）第 248290 号

出版发行：中国电力出版社
地　　址：北京市东城区北京站西街 19 号（邮政编码 100005）
网　　址：http://www.cepp.sgcc.com.cn
责任编辑：崔素媛（010-63412537）
责任校对：黄　蓓　于　维
装帧设计：郝晓燕
责任印制：杨晓东

印　　刷：北京天宇星印刷厂
版　　次：2020 年 12 月第一版
印　　次：2022 年 3 月北京第四次印刷
开　　本：787 毫米×1092 毫米　16 开本
印　　张：9
字　　数：175 千字
定　　价：32.00 元

前　言

根据高等职业教育人才培养目标和电力行业人才需求，本书按照“项目导向、任务驱动、理实一体、突出特色”的原则，以岗位分析为基础，以课程标准为依据，是充分体现高等职业教育教学规律组织编写的规划教材。

本书的设计遵循“工学结合”人才培养模式的要求，本着课程体系开发和课程内容设计能够实现“知识本位”向“能力本位”转变的思路，在深入企业调研并与实践专家广泛研讨，仔细分析后续课程知识和技能的实际需要，严格把握与先导、平行、后续课程承启关系的基础上，归纳、总结了电力类专业学习《电机学》必须掌握的知识和技能。本书主要内容包括变压器、交流绕组、同步电机、异步电机，以电机的三相、对称、稳态运行为主进行分析，重点阐述 3 类电机的基本概念、基本理论和运行分析。本教材具有鲜明的职业教育特色，理论上本着适度、够用的原则，注重知识的应用，紧密结合生产岗位技能的需要。

本书可作为高职高专学院电力类专业或相近专业的教材，亦可作为电力类专业的培训教材，并可供从事电气类工作的技术人员参考。

本书由江西电力职业技术学院张艳、杨菊梅担任主编，江西电力职业技术学院罗培文、欧阳微频、熊木兰担任副主编。

由于编者水平有限，难免存在疏漏之处，恳请各位专家和读者提出宝贵的意见和建议。

作者

2020 年 10 月

目　录

绪　论

一、电机的定义

电能是能量的一种形式，与其他形式的能量相比，电能具有明显的优越性，它适宜于大量生产，集中管理，远距离输送和自动控制。故电能在工农业及人类生活中获得了广泛的应用，作为电能的生产、传输、分配和使用的能量转换装置——电机，是电力系统、工业、农业、交通运输、国防以及日常生活中最常用的重要设备，其应用场合越来越广。显然，电机在国民经济中起着非常重要的作用，随着生产的发展和科学技术水平的提高，电机本身的内容也在不断地深化与更新。

那什么是电机呢？从狭义方面说，是指利用电和磁的相互作用实现机电能量转换和信号转换的机械装置的总称。从广义方面讲，是指所有实现电能生产、传输、使用和电能特性变换的机械设备的总称。

而电机学主要是指研究各种电机的结构、原理、电磁关系以及运行特性的一门学科。

二、电机的作用

电机是电力系统中的重要设备，电能的生产、传输、分配和使用都离不开电机。电机的用途广泛，种类很多。各电厂大多数使用同步电机作为发电机；为了减少远距离输电中电能的损失和线路电压的降落，使用变压器提升电压，采用高压输电形式，电压等级越高，优点越显著；到各用电区，为了安全使用电能，需要变压器降低电压；同时在进入用户之前，还需使用配电变压器再次降压，以满足用户用电的需求；而电力系统中主要负载为电动机，与人们的生产、生活密不可分。

三、电机的分类与能量转换关系

电机的用途广泛，类型很多。按电机的静动特性，可分为静止电机（主要是指变压器）和旋转电机。对于旋转电机，按照电流的性质来分，可为直流电机与交流电机，本书主要介绍交流电机。而交流电机又可分为同步电机与异步电机，无论是同步电机还是异步电机，都可分为发电机与电动机，但是同步电机是以发电机为主，异步电机是以电动机为主，即

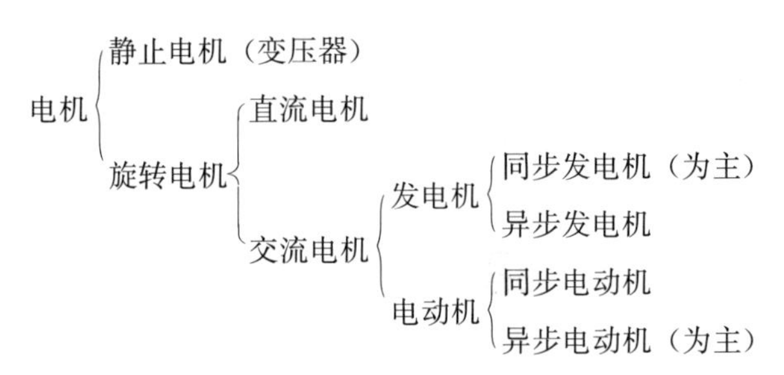

其中，变压器是将一种形式的电压与电流变换成另一种形式的电压与电流，是输送传递电能的设备。

发电机是将输入的机械能变换成电能输出，是电力系统中提供电能的设备。

而电动机是将输入的电能变换成机械能输出，是电力系统中使用电能的设备。

四、电机使用的材料

由于电机需要依靠电和磁相互作用来工作，因此电机中必须有电路和磁路。

1. 导电材料

用电阻率小的导体（铜线与铝线）绕制成线圈构成电路，并且把电路上的消耗称为铜耗，用 P_{Cu}表示。

2. 导磁材料

磁导率大于真空磁导率的数百倍甚至数十万倍的铁磁性材料（如硅钢片、铸钢等），其作用是构成磁路，并且把磁路上的消耗称为铁耗（由磁通交变引起），用 P_{Fe}表示。

3. 绝缘材料

用于导体之间（每匝线圈之间）和各类构件之间（线圈与铁心之间）的绝缘，如聚酯漆、环氧树脂、玻璃纤维、云母等。

4. 结构材料

将电和磁融为一个有机体的构件。

五、本课程的学习方法

了解各类电机的基本结构，熟悉各类电机的工作原理，掌握基本理论、基本概念和运行特性。牢记电流能产生磁场，而变化的磁场能在导体中感应出电动势，它们相互影响又相互制约。与现行的电工基础课不同，电机主要是针对常见的三种电机设备，应用电磁感应定律和电磁力定律，分析发生在有限的电机空间内的电磁过程，然后在复杂的过程中分析出对应的基本物理量电压、电流之间的关系，从而得出基本等效电路图、相量及相量图，并从中得出电机运行的基本规律。在分析电机问题时，要抓住主要因素，忽略次要因素；要加强练习，要重视各情景的具体操作部分和作业等，并从中找出问题和不足。

六、三相电路相关知识点的复习

无论是变压器，还是发电机、电动机，它们的电路都属于三相电路，因此，对于电机学而言，掌握三相电路的知识尤为重要。三相电路是利用三相输电线路将三相电源与三相负载连接起来的电路。

1. 电路的联结方式

无论是三相电源还是三相负载都有两种联结方式，即星形（Y 形）联结与三角形（△形）联结。

（1）星形联结

将三相电源（或负载）的尾端拧成一个节点，其首端分别引出一端线与负载（或电源）连接的联结方式，称为星（Y）形联结。星形联结有一个公共点，称为中性点，如图 0-1 所示。

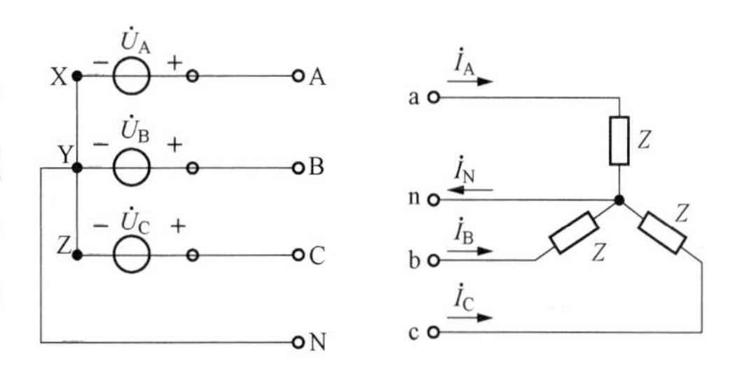

图 0-1　电源或负载的星形联结图

（2）三角形联结

将 A 相电源（或负载）的末端与 B 相电源（或负载）的首端相连，B 相电源（或负载）的末端与 C 相电源（或负载）的首端相连，C 相电源（或负载）的末端与 A 相电源（或负载）的首端相连，即 A、B、C 三相按首尾相连后，然后从每两相的连接处引出一端线的联结方式，称为三角形联结，如图 0-2 所示。

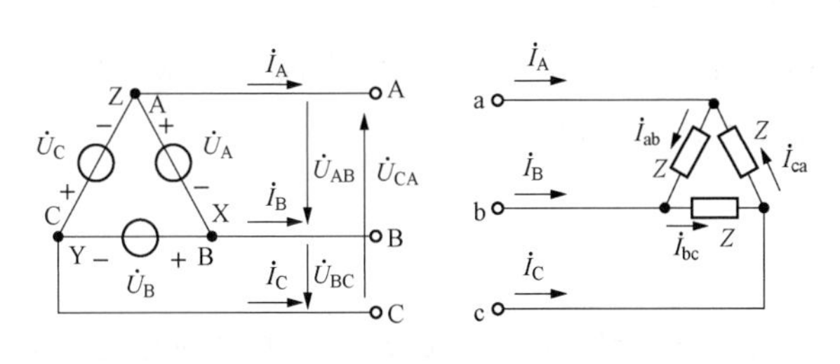

图 0-2　电源或负载的三角形联结图

其中，连接于电源与负载之间的导线称为端线，俗称火线，若为 Y 形联结，则从中性点引出的导线称为中性线。

2. 三相电路中相关的概念

（1）相电压与线电压

相电压是指每一相的首端与尾端之间的电压，相电压的有效值用 U_P 表示。线电压指两两端线之间的电压，线电压的有效值用 U_l 表示。电压是指两点之间的电压，要求从图 0-3 两种图形中理解该定义。

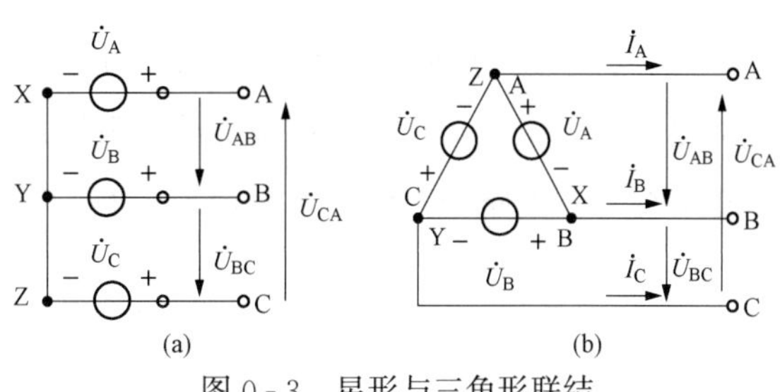

图 0-3　星形与三角形联结

（a）Y 形联结；（b）△形联结

从图中可以看出，无论是电源侧还是负载侧：

1）当其作星形联结时，相电压与线电压不是相同的两点，所以相电压与线电压不相等。若电路对称，则有 $U_l=\sqrt{3}U_P$。

2）当其作三角形联结时，相电压与线电压是相同的两点，所以相电压与线电压相等，即 $U_l=U_P$。

（2）相电流与线电流

相电流是指流过每相电源或负载首尾端之间的电流，相电流的有效值用 I_P 表示。线电流是指流过电源与负载之间连接端线上的电流，线电流的有效值用 I_l 表示。电流是指流过某条支路上的电流，要求从图 0-4 两种图形中理解该定义。

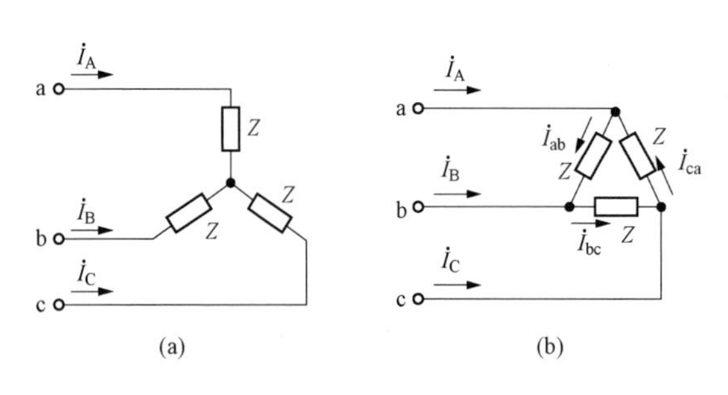

图 0-4　星形与三角形联结

（a）Y形联结；（b）△形联结

从图中可以看出，无论是电源侧、还是负载侧：

1）当其作星形联结时，每一相的相电流与线电流是相同的支路，所以每一相的相电流与线电流相等，即 $I_l=I_P$。

2）当其作三角形联结时，相电流与线电流不在同一条支路上，相电流在三角形之内，线电流在三角形之外，所以相电流与线电流不相等。若为对称电路，则有 $I_l=\sqrt{3}I_P$。

注意：在三相电路中，通常所说的电压和电流是指线电压、线电流，所以所有电机的额定电压与额定电流是指线电压与线电流的最大有效值。

3. 对称三相电路中的功率的计算

（1）有功功率

根据有功功率平衡的原则，三相电路无论对称与否，三相负载吸收的总的有功功率，应分别等于各相负载吸收的有功功率之和，即

$$P=P_A+P_B+P_C=U_AI_A\cos\varphi_A+U_BI_B\cos\varphi_B+U_CI_C\cos\varphi_C \tag{0-1}$$

式中，φ_A，φ_B，φ_C 分别是 A 相、B 相、C 相在电压与电流为关联参考方向下的相电压与相电流之间的相位差，即等于各相负载的阻抗角。

在对称三相电路中，由于各相负载吸收的有功功率相等，因此有功功率等于一相的三倍，即

$$P=3U_PI_P\cos\varphi \tag{0-2}$$

式中，U_P、I_P 是相电压与相电流；φ 是相电压与相电流之间的相位差，即等于负载的阻抗角。

1）若负载为星形联结，则 $I_l = I_P$，$U_l = \sqrt{3} U_P$；

2）若负载为三角形联结，则 $I_l = \sqrt{3} I_P$，$U_l = U_P$。

分别将线电压与线电流代入式（0-2）可知，对称三相电路中负载在任何一种联结形式下，总有 $3U_P I_P = \sqrt{3} U_l I_l$，即三相电路有功功率用线电压、线电流表示为

$$P = \sqrt{3} U_l I_l \cos\varphi \tag{0-3}$$

式中，U_l 是线电压；I_l 是线电流；φ 是相电压与相电流之间的相位差，即等于每一相负载的阻抗角。

（2）无功功率

在三相电路中，根据无功功率平衡的原则，三相负载的总无功功率为

$$Q = Q_A + Q_B + Q_C = U_A I_A \sin\varphi_A + U_B I_B \sin\varphi_B + U_C I_C \sin\varphi_C \tag{0-4}$$

在对称三相电路中有

$$Q = 3U_P I_P \sin\varphi = \sqrt{3} U_l I_l \sin\varphi \tag{0-5}$$

式中各符号意义同前。

（3）视在功率与功率因数

在三相电路中，三相负载的总视在功率 S 为

$$S = \sqrt{P^2 + Q^2} \tag{0-6}$$

三相电路对称时，有

$$S = \sqrt{P^2 + Q^2} = 3U_P I_P = \sqrt{3} U_l I_l \tag{0-7}$$

而对称三相电路的功率因数为

$$\lambda = \cos\varphi \tag{0-8}$$

式中，φ 为阻抗角。

七、磁路相关知识点的复习

1. 磁路的基本物理量

（1）磁感应强度 $\dot{\boldsymbol{B}}$ 和磁通 Φ

1）磁感应强度 $\dot{\boldsymbol{B}}$。磁感应强度是表达磁场大小和强弱的物理量，是矢量，其大小为单位导体通过单位电流所受到的作用力，即

$$B = \frac{\Delta F}{I \Delta l} \tag{0-9}$$

通电导体在磁场中所受作用力的方向，可以根据左手定则判定，伸出左手，四指与大拇指垂直，让磁力线从左手心穿过，四指指向为导体电流方向，大拇指指向即为导体受力方向，如图 0-5 所示，图中×代表磁场的方向。

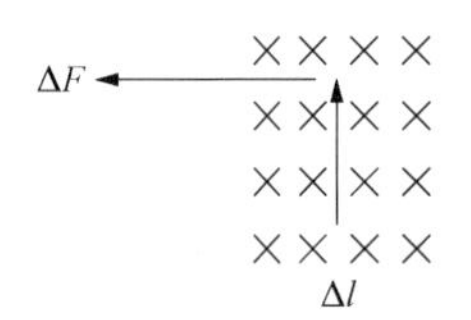

图 0-5　通电导体在磁场中的受力判定

另外空间磁场中某处中磁感应强度 $\dot{\boldsymbol{B}}$ 的方向也可以用小磁针来进行判断，即小磁针静止时 N 极的方向，即为该点磁场的方向。

磁感应强度的单位为：特斯拉（T）；高斯（GS），并且

$$1\mathrm{T}=10^{4}\mathrm{GS} \qquad (0-10)$$

2）磁通 Φ（即为磁感应强度 $\dot{\boldsymbol{B}}$ 的通量）。电路中流的是电流（运动的），磁路中通的是磁通（不动的），在匀强磁场中，$\Phi=BS$，所以 $\dot{\boldsymbol{B}}$ 也称磁通密度（简称磁密），磁通的单位为：①韦伯（Wb），②麦克斯韦（Max）。

$$1\mathrm{Wb}=10^{8}\mathrm{Max} \qquad (0-11)$$

磁通是标量，只有 2 个方向。

为了形象地描述磁场，人为地提出用磁感应力线（简称磁力线）来形象地描述它，则磁力线应具备如下性质：

①磁力线是无始无终的闭合曲线。

②磁力线上某点的切线方向即该点的磁场方向。

③磁力线的疏密程度表示磁场的大小，磁力线数目即为磁通 Φ 的大小。如图 0-6 为条形磁铁的磁力线，很显然，条形磁铁两头的磁感应强度 $\dot{\boldsymbol{B}}$ 最大。

④磁力线是不相交的曲线。

（2）磁导率 μ 与磁场强度 H

1）磁导率 μ：用于表示物质的导磁能力（被磁化能力），其单位为 H/m 。为了反映不同物质的导磁性能，为此引出真空磁导率作为比较量。

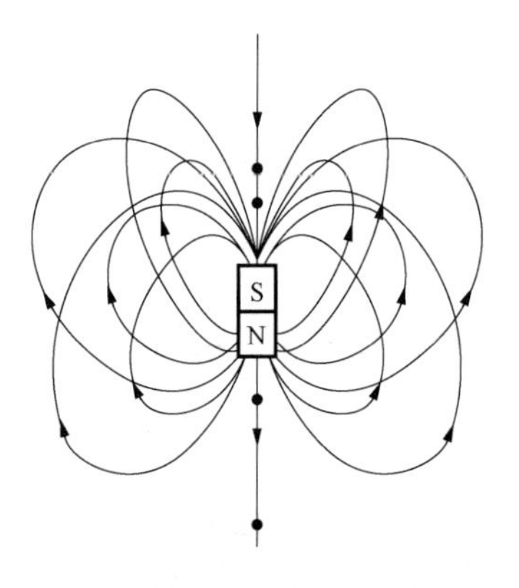

图 0-6　条形磁铁的磁感应力线

真空磁导率：

$$\mu_0=4\pi\times10^{-7}(\mathrm{H/m}) \qquad (0-12)$$

相对磁导率为

$$\mu_\gamma=\frac{\mu}{\mu_0} \qquad (0-13)$$

物质的磁导率为

$$\mu=\mu_\gamma\mu_0 \qquad (0-14)$$

按相对磁导率 μ 的大小物质分两类：

①非铁磁物质 $\mu_\gamma\approx1$（0.999 95～1.000 05）且 μ 不变，与真空无差别，所以称为线性磁物质，世界上绝大部分都是非铁磁物质。

②铁磁物质 $\mu_\gamma\gg1$（相对磁导率最少为 $10^2\sim10^5$），铁磁物质主要有铁、钴、镍等 5

种金属，且铁磁物质的磁导率 μ 为非线性关系。

2）磁场强度 H。铁磁物质置磁场中，被外磁场磁化，根据磁畴理论，铁磁物质会产生附加磁场，当外磁场足够大时，附加磁场方向与外磁场一致。

因此，铁磁物质的总磁场＝外磁场（由电流或永久磁铁产生）＋附加磁场。

而磁场强度 H，是指由电流产生的外磁场，不包括附加磁场，所以其为标量，单位为 A/m。而磁感应强度 $\dot{\boldsymbol{B}}$ 则不同，其不仅反映电流产生的外磁场，而且还包括铁磁物质被磁化后所产生的附加磁场，这就是磁感应强度 $\dot{\boldsymbol{B}}$ 与磁场强度 H 的区别。

根据上述分析结果可知，磁场强度的大小与磁感应强度大小的关系为

$$H=\frac{B}{\mu} \tag{0-15}$$

2. 铁磁物质的磁化曲线

（1）起始磁化曲线

铁磁物质的起始磁化曲线，反映的是铁磁物质从没有磁化到被磁化的一个过程曲线。铁磁材料的磁化，其可以用磁畴理论来解释。由于铁磁物质内部存在很多个小磁畴，没有外磁场时，小磁畴的排列杂然无章，对外不显磁性。若将铁磁材料放在外磁场中，磁畴的轴线将逐渐趋于一致，因此形成了一个很大的附加磁场，再叠加于外磁场，使得合成磁场大大加强。而非铁磁物质无此附加磁场，在同样的条件下，仅由励磁电流产生的磁场要小得多，磁导率也小，接近于真空磁导率 μ_0，所以非铁磁材料的磁感应强度 B 和磁场强度 H 的关系是一条直线，如图 0-7 中直线①所示，直线的斜率就是该物质的磁导率 μ。铁磁材料增大磁场强度 H 时，材料中的磁通密度 B 将随之迅速增大，其磁导率很大又不是一个常数，通常把 B 与 H 的关系成为磁化曲线。在磁化特性曲线中，即图 0-7 中曲线②所示，区域 Oa 段称为磁畴的偏转段，这时候的外磁场很小，仅能使极少数的磁畴发生偏转，趋近于外磁场方向而使得附加磁场稍微有点增加，所以这时的磁导率依然较小。继续增大外磁场 H，到达区域 ab 段，由于外磁场大大增加，使得磁畴发生急剧的翻转，也即附加磁场大大增强，整个铁磁物质对外显示很强的磁性，所以 ab 段称为磁畴的翻转段，此阶段的磁导率迅速增大并保持不变，B-H 关系近似于一条直线，所以可看作线性区。如果电机的磁性材料工作在这个区域，可近似应用线性理论来分析。在 bc 段，再增大 H 时，由于磁畴都已翻转，也即附加磁场增大很小，磁通密度的增长率减慢，到达 c 点之后，B 增加更缓慢，故该区域称为饱和区。所以这段的 B-H 曲线与真空的磁化曲线平行。由此可见，不同的磁性材料有不同的磁导率，同一种材料当磁通密度 B 不同时，也有不同的磁导率，铁磁物质的磁导率 μ 与磁场强度 H 的关系如图 0-7 中的曲线③所示，并且我们把铁磁物质的磁化特性曲线中的 a 点称为膝点，b 点称为膝点，c 点称为饱和点。设计电机时，通

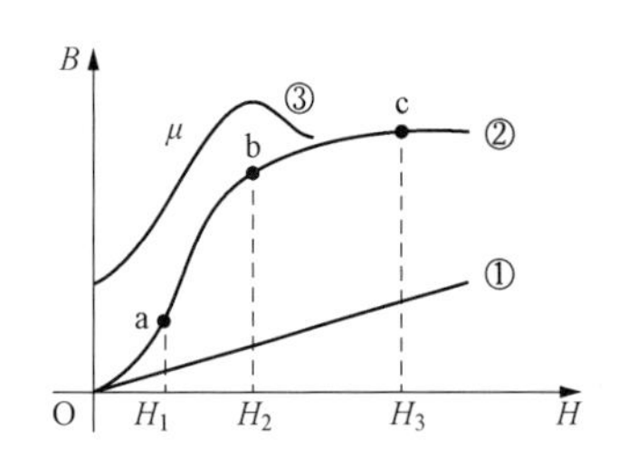

图 0-7　铁磁物质的起始磁化曲线

常将铁心中的磁通密度选在曲线拐弯处，即 b 点附近。

通过磁畴理论的分析，铁磁物质导磁的原因也就很清楚了，并且所有物质的居里点为 200～800℃，居里点以上不存在铁磁物质，甚至激烈振动也会使磁畴解散，电机要控制铁心的温度的原因也就在于此。

（2）磁滞回线

若线圈通以交流电流，产生的磁场也与电流同频率的交变量，铁磁材料被反复磁化，也即上升曲线与下降曲线不重合，反复一个周期构成一个闭合曲线，称为铁磁材料的磁滞回线。其变化规律如图 0-8 所示，从图中可以看到，当磁场强度的瞬时值从最大值减小到零时，磁感应强度 B 不等于零，说明磁感应强度的变化滞后于磁场强度 H 的变化，这种情况称为磁滞现象。磁感应强度并不为零，磁场强度等于零所对应的磁感应强度，称为剩磁。要消除剩磁，应当给予一定的反向电流，剩磁才会消失，剩磁与磁滞的产生是因为磁畴翻转过程是不可逆的。

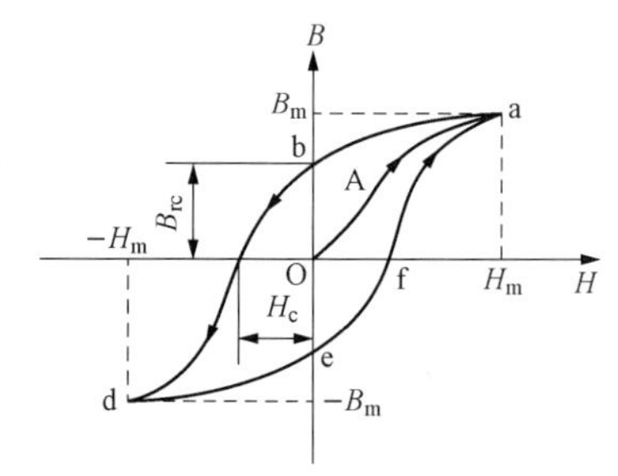

图 0-8　铁磁物质的磁滞回线

磁畴在翻转的过程中，由于要克服摩擦力发热消耗能量，这个损耗称为磁滞损耗，该损耗与磁滞回线的面积成正比。

根据铁磁物质磁化的形状，铁磁物质分为三种：

1）软磁材料：回线狭长，剩磁、矫顽力损耗均小，即磁滞回线小，磁滞损耗小，故适合作电机铁心。

2）硬磁材料：剩磁、矫顽力较大，磁滞回线较宽，损耗较大，通常用作永久磁铁。

3）矩磁材料：即磁滞回线的形状像矩形，剩磁比较难消除，故用作计算机有记忆载体的材料。

为了减小磁滞损耗，电机均采用软磁材料制造铁心，由于回线很窄，分析和计算时一般可采用基本磁化曲线（平均磁化曲线）来进行，如图 0-8 中 Oa 段所示。

3. 磁路与磁路定律

（1）概念

1）磁路：主要指由铁磁物质及少部分的非铁磁物质构成的磁通集中通过的路径。

2）铁心线圈：将绕组套在铁心上，当绕组通过一个较小的电流时，磁化后的铁心会产生很大的磁场，且磁场集中于铁心中，所以铁心与磁路是相通的。

3）空心线圈：磁通小且发散，其线圈内外都是非铁磁物质。

4）电感、互感和铁心线圈都是描述磁感应的物质。

5）磁路的概念与电路相通，如支路、节点、回路与网孔。

6）均匀磁路，即材料相同、截面相同的磁路，否则称为不均匀磁路。

（2）磁路的两个定律

1）磁路的基尔霍夫第一定律。由磁路的连续性原理导出（忽略漏磁通），即通过任一截面的磁通的代数和为零，其类似于电路的KCL定律，在节点处取一面积 S，如图 0-9 所示，由磁通的连续性原理得：

$$\Phi_1+\Phi_2+\Phi_3=0 \qquad (0-16)$$

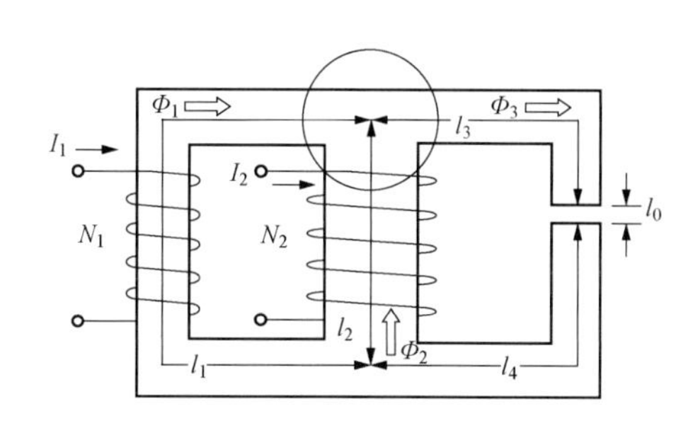

图 0-9　磁路的基尔霍夫定律应用图

2）磁路的基尔霍夫第二定律。磁路的基尔霍夫第二定律由安培环路定律导出，根据安培环路定律：磁场强度（H）沿任一闭合曲线的线积分等于通过此曲线内电流的代数和，其类似于电路的 KVL 定律。

图 0-9 左网孔：

$$\oint_{l_1+l_2} H\mathrm{d}l = H_1 l_1 - H_2 l_2 = \sum Hl = \sum NI = -N_1 I_1 + N_2 I_2 \qquad (0-17)$$

式中，Hl 称为磁压，用 U_m 表示；NI 称为磁动势，用 F 表示，单位均为安培（A），也即任何磁回路各段磁压的代数和等于此回路相铰链的磁动势的代数和。

磁压正负的规定：选择回路绕向，磁通 Φ 正方向与绕向相同，各段的磁压取正，反之取负。

磁动势正负的规定：电流 I 的方向与曲线绕行方向一致的取正，反之取负。

3）磁路的欧姆定律：

磁压：
$$U_\mathrm{m} = Hl = \frac{B}{\mu}l = \frac{\Phi}{S}\cdot\frac{l}{\mu} = \frac{l}{\mu S}\Phi \qquad (0-18)$$

其中，磁阻为 $R_\mathrm{m}=\dfrac{l}{\mu S}$，单位：1/H。

磁路的欧姆定律：
$$U_\mathrm{m} = R_\mathrm{m}\Phi \qquad (0-19)$$

推导：
$$R_\mathrm{m}\Phi = NI \qquad (0-20)$$

4. 磁路与电路的对比（见表0-1）

表 0-1　　磁路与电路的对比

对象	电路	磁路
特点	线性	非线性
	漏电流很小，测量不到	相对较大，≤1%
	电流 I 为带电质点的运动	Φ 不是
	电路存在短路开路	磁路无短路开路之称，有气隙也有 Φ
	有电动势 e 不一定有电流 I	有 F 一定有 Φ（即使没有磁路）
物理量	电流 I	Φ
	电动势 $E=IR$	磁动势 $F=\Phi R_m=NI$
	电阻 $R=\rho\dfrac{l}{s}$	磁阻 $R_m=\dfrac{l}{\mu S}$
基本定律	电路欧姆定律 $I=\dfrac{E}{R}$	磁路欧姆定律 $\Phi=\dfrac{F}{R_m}$
	基尔霍夫第一定律 $\sum i=0$	基尔霍夫第一定律 $\sum\Phi=0$
	基尔霍夫第二定律 $\sum e=\sum u$	基尔霍夫第二定律 $\sum F=\sum U_m$

习题

1. 三大电机的能量转换关系是什么？

2. 在电力系统中，为什么要使用升压变压器？

3. 变压器可以根据电流的性质分为直流变压器与交流变压器吗？为什么？

4. 电机正常运行时，是对称的三相电路还是不对称的三相电路？

5. 磁感应强度 B 与磁场强度 H 有什么区别？

6. 铁磁物质为什么能导磁？

7. 电机为什么要控制铁心温度？

8. 有一台三相变压器，额定容量为 $s_N=90\ 000\text{kVA}$，一、二次的额定电压为 $U_{1N}/U_{2N}=220\text{kV}/110\text{kV}$，一次侧与二次侧联结方式分别为Y/△联结，试求：

（1）变压器的线电压和线电流；

（2）变压器一、二次绕组的相电压和相电流。

项目 1　变压器参数的测定

变压器是一种静止电机，是电力系统中的一个重要设备，在电能的传输和使用过程中，要多次使用变压器。比如：对于远距离的电力用户，为了保证电能质量，降低线路损耗，需使用升压变压器；电能送到客户中心后，为了满足用电的需求，需使用降压变压器；在线路的终端，还需使用配电变压器。在电力系统中，变压器的总容量大约为发电机设备总容量的 8～10 倍。此外，对电能的测量、控制和特殊设备上，也要大量应用各种类型的变压器。

变压器的主要功能是实现电压、电流和阻抗的变换。

任务 1　变压器的基本认知

通过对油浸式变压器相关知识的学习，能够指认变压器各主要结构部件并说出各个部件的作用，能够识读变压器的型号和额定值，了解变压器变压的条件和关键因素。

一、变压器的工作原理

变压器是根据电磁感应原理工作的，它的功能是将某一种等级的交流电压或电流变换成同频率的另一种等级的交流电压或电流，其核心结构是铁心和绕组。

铁心构成磁路，用厚度为 0.35～0.5mm 的硅钢片叠压而成。

绕组构成电路，接电源的称为一次绕组，接负载的称为二次绕组，分别用下标“1”“2”对应于一、二次绕组上的各物理量。

下面以单相变压器为例来说明它的工作原理，其原理示意图如图 1 - 1 所示。将一次绕组接到交变的电源上，绕组中便有交变的电流 i_1 流过，于是产生与电源频率相同的交变磁通，绝大部分磁通 Φ 经铁心闭合，同时交链套在铁心上的一、二次绕组，由于磁通交变，则分别在一、二次绕组上感

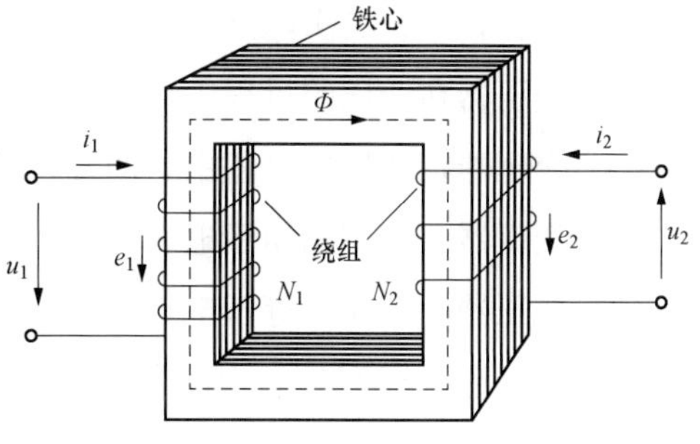

图 1 - 1　变压器的原理示意图

应同频率的电动势 e_1 和 e_2。在磁通 Φ 和电动势 e 参考方向满足右手螺旋定则的情况下，则有

$$\left.\begin{aligned} e_1 &= -N_1 \frac{\mathrm{d}\Phi}{\mathrm{d}t} \\ e_2 &= -N_2 \frac{\mathrm{d}\Phi}{\mathrm{d}t} \end{aligned}\right\} \tag{1-1}$$

式中，N_1、N_2 为一、二次绕组的匝数。

若二次绕组接上负载，则在电动势 e_2 的作用下，便有电流 i_2 流过负载，实现电能的传递，这就是变压器的基本工作原理。

把电压高的绕组称为高压绕组，电压低的绕组称为低压绕组。一、二次绕组相互绝缘，铁心中交变的磁通 Φ 是传递能量的媒介。由此可见，普通变压器一、二次绕组之间没有电的联系，只有磁的耦合。

由式（1-1）可知：磁通 Φ 在一、二次绕组的每一匝中感应电动势相等均为 $-\frac{\mathrm{d}\Phi}{\mathrm{d}t}$，一、二次的感应电动势的大小与匝数成正比。若匝数 N_1 不等于 N_2，则电动势 e_1 不等于 e_2，而绕组的电动势大小又近似等于各自的端电压大小，因此，只要改变绕组的匝数，就能达到改变二次电压的目的，变压器也因此而得名。

若 $N_1>N_2$，则为降压变压器；若 $N_1<N_2$，则为升压变压器。并且，将变压器一、二次侧的电动势之比，称为变压器的变比，用 k 表示，即

$$k = \frac{e_1}{e_2} = \frac{N_1}{N_2} \approx \frac{U_1}{U_2} \tag{1-2}$$

通过变压器工作原理，得出以下几点结论：

（1）变压器变压的关键所在是一、二次侧的匝数不等，即 $N_1 \neq N_2$。

（2）变压器一、二次侧通过的是同一个磁通，无论是一次侧，还是二次侧，每匝线圈感应的电动势均相等，为 $-\frac{\mathrm{d}\Phi}{\mathrm{d}t}$。

（3）变压器一、二次之间没有电的联系，只有磁的耦合，铁心中磁通量 Φ 是传递能量的主要媒介，一、二次电路之间是绝缘的。

（4）变压器在变压的过程中，能改变电压、电流、阻抗，不会改变频率和功率。

（5）变压器在变压的过程中，能量转换关系为：电能→电能。

（6）变压器一次侧相当于电源的负载，二次侧相当于负载的电源。

（7）变压器的变比约等于电压之比，若为三相变压器，代入的电压是指相电压而非线电压。如一台 Yd 联结的变压器，一、二次侧的电压 $U_{1N}/U_{2N}=110\text{kV}/35\text{kV}$，则其变比 $k=110/35\sqrt{3}\neq110/35$。

二、变压器的结构

油浸式电力变压器的主要结构包括铁心、绕组、油箱及变压器油、高低压绝缘套管、分接开关、冷却装置和保护装置等，外形如图 1-2 所示。其中铁心与绕组是变压器的核心部件，称为变压器的器身，如图 1-3 所示。

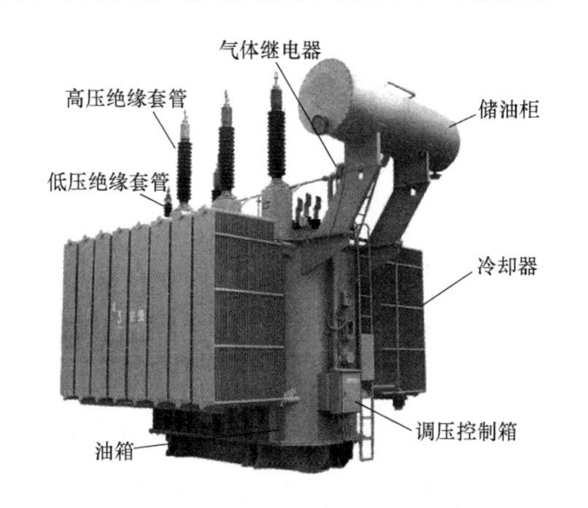

图 1-2　油浸式电力变压器的外形

图 1-3　油浸式电力变压器的器身

1. 铁心

铁心构成变压器的主磁路，同时它又起机械骨架作用。铁心由心柱和铁轭构成，其形状如图 1-4 所示，三个垂直部分为变压器的心柱，上下水平部分为铁轭，铁轭使整个磁路构成闭合路径。为了减小铁心的磁滞与涡流损耗，变压器铁心常采用冷轧电工钢片叠成，钢片厚度为 0.23～0.35mm，在相邻两钢片之间涂有一层绝缘漆。组成铁心的钢片先裁剪成需要的形状与尺寸，称为冲片，然后按交叠方式将冲片组合起来，图 1-5 为变压器铁心的常用两种交叠装配形式，其中图 1-5（a）为直接缝铁心，每层六片交叠组合，相邻两层磁路接缝处相互错开；图 1-5（b）为斜接缝铁心，每层七片交叠组合，磁通顺着轧制方向，可以较好利用取向钢片的特点。

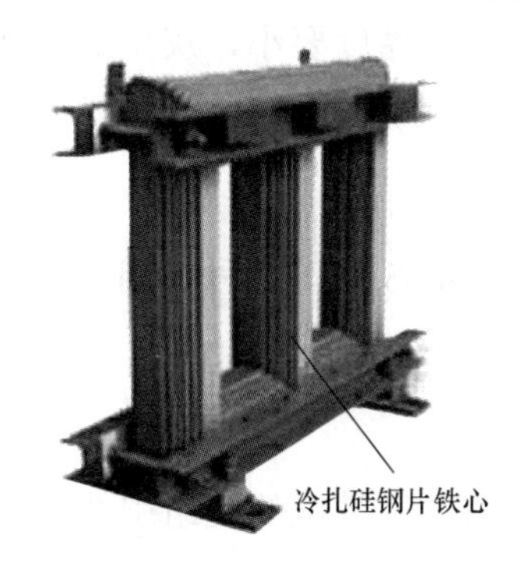

图 1-4　变压器铁心外形

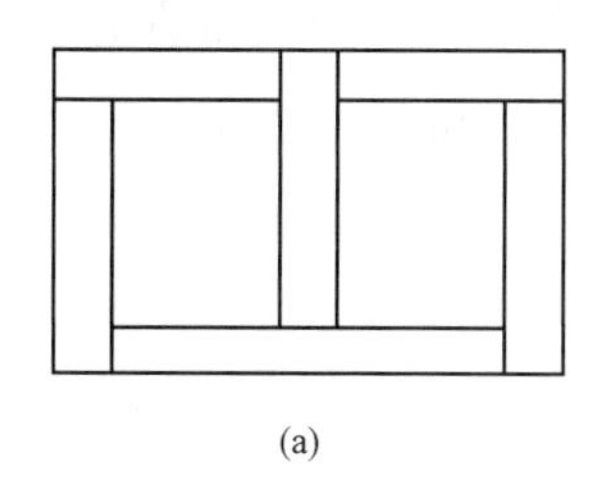

(a)

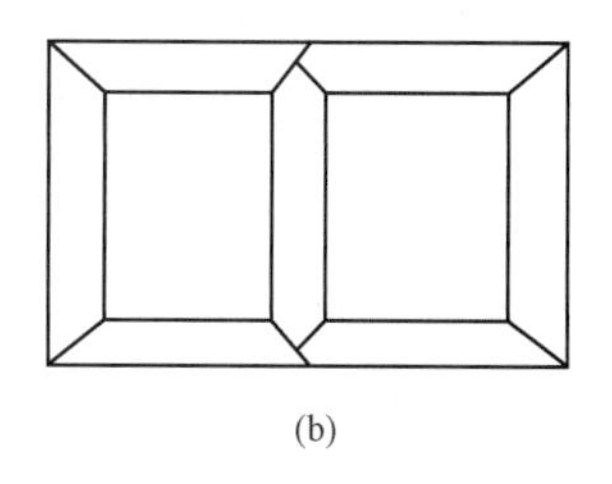

(b)

图 1-5　变压器铁心的交叠装配方式

（a）直接缝；（b）斜接缝

2. 绕组

绕组构成变压器的电路，它是变压器输入和输出电能的电气回路。采用圆或扁的铜导线或铝导线绕制而成，形状一般为圆筒形，并且导线外层包着电缆纸，如图 1-6 所示。其高、低压绕组同心地套在铁心柱上构成变压器的器身，为了方便绝缘，低压绕组靠近铁心，高压绕组套在低压绕组的外面，绕组之间及绕组与铁心之间都要用绝缘材料隔开。

图 1-6 变压器的绕组

对于单相变压器，高压绕组与低压绕组分为两部分，分别套在两边的铁心心柱上。

3. 绝缘结构

（1）外部绝缘

外部绝缘是指变压器油箱盖外的绝缘，主要是指高低压绕组引出的瓷制绝缘套管和空气间的绝缘。

（2）内部绝缘

内部绝缘是指油箱盖内部的绝缘，主要是线圈绝缘、内部引线绝缘等。而绕组与绕组之间、绕组与铁心和油箱之间的绝缘称为主绝缘；绕组的匝间、层间与线段之间的绝缘称为纵绝缘。

4. 油箱及变压器油

油浸式变压器的器身都浸在油箱中，油箱里充注满变压器油。油箱采用钢板焊接而成，大型变压器的油箱一般制成钟罩式，中小型变压器一般为筒式，为了增大散热面，一般在油箱的箱壁上装有散热片。

变压器油的作用有两个：

1）由于变压器油有较大的介质常数，可以增强绝缘。

2）铁心与绕组中由于损耗散发热量，通过油的对流作用把热量传给油箱表面，再由油箱散发到空气中。

对变压器油的要求是介电强度和着火点要高、凝固点低、黏度要小，灰尘等杂质和水分少。变压器油只要含有少量的水分，就会使得绝缘强度大为下降。所以应对运行中的变压器油定期做全面的色谱分析、耐压测试和油质化验。

变压器的油号代表油的凝固点。油号分为 10 号、25 号和 35 号等几种，用于环境温度不同的地区。

5. 绝缘套管

变压器绕组的引线需借助绝缘套管与外线路相连接，以便使带电的绕组引线与接地的油箱绝缘。绝缘套管主要由中心导电铜杆和瓷套管组成。导电杆下端伸进油箱，与绕组引线相连，导杆上端露出箱外与外线路相连接。如图 1-7 所示，绝缘套管一般是瓷质

的，其结构主要取决于电压等级，10kV以下的采用实心瓷套管，10～35kV采取空心充油式或充气式套管，110kV以上采用电容式套管。为了增加外表面放电距离，套管外形做成多级伞状裙边，电压等级越高，绝缘子级数越多。

图1-7　变压器的绝缘套管

6. 调压装置

调压装置也称分接开关，因为变压器常用改变高压绕组的匝数来调压，所以分接开关一般装在高压侧。而对应于高压绕组的不同匝数引出若干抽头，称为分接头，用以切换分接头的装置称为分接开关。如图1-8所示，变压器的调压方式有两种：无励磁调压和有励磁调压，也称有载调压和无载调压。所谓有载调压，即在变压器带负载的情况下切换分接开关，所使用的分接开关称为有载分接开关；所谓无载调压，即在变压器一、二次都不带电的情况下切换分接开关，此时所使用的分接开关称为无励磁分接开关。

图1-8　变压器的分接头装置

7. 保护装置

（1）储油柜

储油柜俗称油枕，为一圆筒形容器，横装在变压器油箱之上，储油柜通过弯曲的油管、气体继电器与变压器主油箱连通，柜内油面高度随油箱内的油热胀冷缩而变动，油面的升降限制在储油柜中，从而保证油箱始终充满油，以减少变压器油与空气的接触面积，减缓油的氧化速度和浸入变压器油中的潮气。大型变压器为了加强绝缘油的保护，不使油与空气中的氧接触，采取在储油柜内增加隔膜或充氮气等措施。储油柜的一端装有玻璃管油位计，以指示实际油面，隔膜式储油柜采用连杆式铁磁油位计。

中小型变压器如果用波纹油箱，则可省去储油柜，这时密封油箱中油的热胀冷缩，由波纹板的变形来承受。

（2）吸湿器

为了防止空气中的水分进入储油柜的油中，储油柜需经过一个吸湿器（也称呼吸器）与外界空气相连，吸湿器内部充有吸附剂，通常为硅胶，使外界空气必须经过吸湿器才能进入储油柜，用以清除吸入空气中的潮气和杂质。

硅胶在干燥状态为蓝色，吸潮饱和后变为粉红色。吸潮的硅胶可以再生。

(3) 气体继电器（瓦斯继电器）

中型容量以上的变压器，在储油柜和油箱之间连通管中还装有气体继电器，是变压器的主保护之一。当变压器发生内部故障时，由于绝缘破坏而分解出大量的气体，从油箱进入储油柜，迫使气体继电器的触点接通，轻者发出信号，以便运行人员及时处理，重者使断路器跳闸，防止事故继续扩大，对变压器起保护作用。

(4) 压力释放阀或安全气道

当变压器内部发生短路时，油急剧地分解而形成大量的气体，变压器油箱内的压力迅速增加，有可能损坏油箱，以致发生爆炸。为了避免这种情况发生，在变压器的顶盖上装有压力释放阀或安全气道（也称防爆管）。变压器油箱中的气压将压力释放阀顶起，变压器中的气体随油排出油箱外，使油箱不至于发生爆炸，压力释放阀可以重复使用。

若为防爆管，其出口用薄玻璃板盖住，同样地，当变压器内部发生严重故障时，所产生的气体使油箱压力剧增，薄玻璃被压碎，气体从安全气道排出。

8. 冷却装置

为了保证变压器的散热良好，必须采取一定的冷却方式将变压器产生的热量带走。常用的冷却介质是油和空气两种。前者称为油浸式变压器，后者称为干式变压器。油浸式变压器又有自冷、油浸风冷和强迫油循环三种冷却方式。油浸自冷变压器是依靠油的自然对流带走热量，没有其他冷却设备，配电变压器几乎都是这种冷却形式。油浸风冷变压器是在自冷的基础上，外加风扇给油箱壁和散热管吹风，以加快散热作用。目前大型变压器采用强迫油循环冷却方式，这种冷却方式就是在变压器的本体之外专门装设一套冷却装置，用油泵将变压器中的热油抽到变压器外的冷却器中冷却后再送入变压器。冷却器可用循环水冷却和强迫风冷却。小容量的变压器油箱兼具散热冷却作用，油箱外焊接平板式、波纹式或管式的散热片，以增大散热面积。大容量的变压器都设有冷却装置，它一般可拆卸的、不强迫油循环的称为散热器，强迫油循环的称为冷却器。

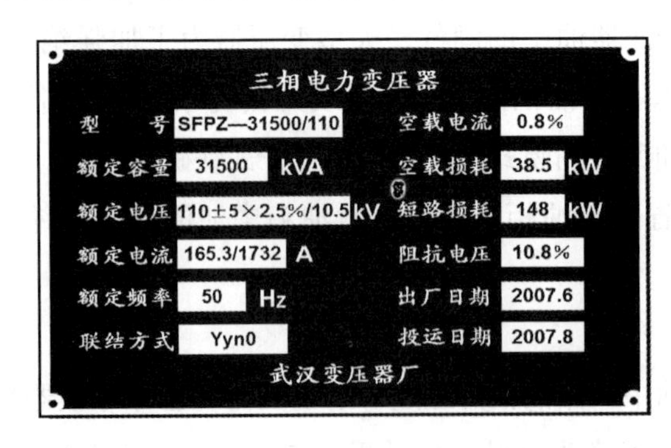

图 1-9　变压器的铭牌

三、变压器的铭牌

变压器铭牌上标注了变压器的型号、额定值、联结组别、短路电压百分数、空载电流百分数、生产厂家等内容，如图 1-9 所示。

1. 变压器的型号

变压器的型号用以表明变压器的类别和特点，其表示方法如下：

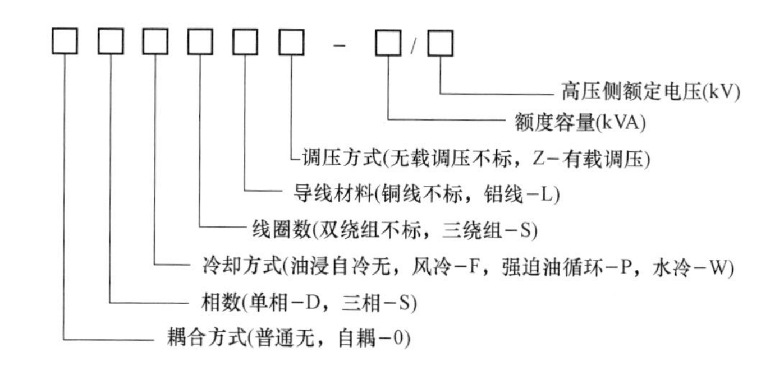

例如：

1）S9—3150/10.5 其含义是三相铜线圈油浸自冷双绕组无载调压变压器，额定容量为3150kVA，高压侧额定电压为10.5kV，其中9为变压器的设计序号。

2）SFSL—6300/110 其含义是三相三绕组油浸风冷铝绕组无载调压变压器，额定容量为6300kVA，高压侧额定电压为110kV。

3）OSFPSZ—90000/220 表示是三相强迫油循环风冷三绕组铜线有载调压自耦变压器，额定容量为90 000kVA，高压侧额定线电压为220kV。

2. 额定值

额定值是制造厂家根据设计或试验数据，为保证设备长期正常运行所做的规定值，主要包括额定容量、额定电压、额定电流和额定频率等。

（1）额定容量 S_N

额定容量是制造厂所规定的，是在额定条件下使用时变压器输出能力的保证值，单位为VA或kVA。对于三相变压器而言，是指变压器的总的视在功率。变压器传输效率很高，认为输入容量等于输出容量，即 $S_{1N}=S_{2N}=S_N$。

（2）额定电压 U_{1N}/U_{2N}

一次侧额定电压 U_{1N}（习惯把高压侧作一次侧）：指一次侧所能承受的最大工作电压，通常单位为V或kV。

二次侧额定电压 U_{2N}：指一次侧加额定电压，二次侧空载时的端口电压。

对于三相变压器，如不作特殊说明，铭牌上的额定电压即为线电压。

由于变压器接在电网上运行，一、二次侧的电压必须与电网电压一致，我国标准的电压等级有（以kV为单位）：0.22、0.38、10、35、110、220、500等。

（3）额定电流 I_{1N}/I_{2N}

额定电流是根据额定容量除以各绕组的额定电压所计算出来的线电流值，单位为A或kA。

对于单相变压器，一、二次侧的额定电流为

$$I_{1N}=\frac{S_N}{U_{1N}};\ I_{2N}=\frac{S_N}{U_{2N}} \tag{1-3}$$

对于三相变压器，一、二次侧的额定电流为

$$I_{1N}=\frac{S_N}{\sqrt{3}U_{1N}};\ I_{2N}=\frac{S_N}{\sqrt{3}U_{2N}} \tag{1-4}$$

对于三相变压器，一般情况下，铭牌上的额定电流即为线电流。

（4）额定频率

在我国，其标准工业用电频率为50Hz，故电力变压器的额定频率即为50Hz。其外，变压器的铭牌上还标有相数、接线图、额定运行效率、阻抗压降和温升等。

（5）额定温升

是指变压器各部分允许温度的最大值与环境温度之差，通常认定环境温度为夏天室外的最高温度，即40℃。根据标准规定，变压器绕组的额定温升为65℃，铁心表面的额定温升为70℃，变压器上层油的额定温升为55℃。即变压器绕组的最高允许温度为105℃，铁心的最高允许温度为110℃，变压器上层油的油温最高允许为95℃。

四、变压器的分类

为了适应不同的工作条件和使用目的，电力变压器可按不同的方式进行分类。

1）按用途分类：升压变压器和降压变压器（包括配电变压器）。

2）按相数分类：单相变压器和三相变压器。

3）按绕组数分类：双绕组变压器、三绕组变压器和自耦变压器。

4）按铁心结构分类：心式变压器和组式变压器。

5）按冷却介质分类：干式变压器和油浸式变压器。

6）按调压方式分类：无励磁调压变压器和有载调压变压器。

7）按容量的大小分类：小型变压器（630kVA及以下）、中型变压器（800～6300kVA）、大型变压器（8000～63 000kVA）和特大型变压器（90 000kVA 及以上）等。

习题

1. 简述变压器的工作原理。

2. 一台三相 Dy 联结的三相变压器，一、二次侧的额定电压为 $U_{1N}/U_{2N}=35/10\text{kV}$，求变压器的变比。

3. 若将变压器的一次绕组接到直流电源上，二次绕组会有稳定的直流电压吗？为什么？若错误地接在同电压等级的直流电源上，会给变压器造成什么后果，试说明原因。

4. 变压器的核心是什么？它的作用是什么？

5. 变压器每匝绕组电动势是否相等？为什么变压器的调压是通过改变高压侧绕组匝数而不是低压侧绕组匝数？

6. 为什么变压器能够变压而不能变频？

7. 说明 35 号变压器油中的 35 的含义。试问这号油是用在南方地区还是北方地区？

8. 试说明变压器型号为 0SFPSZ－135000/220 的含义。

9. 有一台 $S_N = 12\ 000$kVA，$U_{1N}/U_{2N} = 220/35$kV，Y_N，d 接线的三相变压器，试求：

（1）变压器的额定电压和额定电流；

（2）变压器一、二次绕组的额定电压和电流。

任务2　变压器的运行

以单相变压器为例，分析变压器在空载和负载时的电磁关系，通过分析建立变压器空载和负载时电压、电动势、电流、磁动势、磁通和阻抗之间必须满足的关系，导出电动势和磁动势平衡方程和与之相对应的相量图，从而得出变压器的等效电路图。

单相变压器的分析，包含电路和磁路两个方面，涉及两个电路（一次回路与二次回路）和一个磁路。当变压器空载运行时，由于二次侧电流等于零，事实上分析只有一个电路和一个磁路，它的电磁关系最为简单，因此对单相变压器的分析应从空载运行开始。

一、变压器的空载运行

空载运行是指变压器的一次绕组接上额定电压、额定频率的交流电源，二次绕组开路的运行方式。空载运行是变压器的一种特殊运行方式，也是最简单的运行方式，新投运的变压器根据容量的不同，都有一定的空载运行时间，检修完毕的变压器也有小段空载运行时间。

1. 变压器空载运行的物理状况

由于电网采用正弦交流电供电，变压器各量可以用等效正弦量表示，正弦量用相量来分析和运算较为方便。图 1 - 10 为单相双绕组变压器空载运行示意图。

变压器一次绕组匝数为 N_1，二次绕组匝数为 N_2，当变压器空载时，由于一次绕组接在额定电压的电源上，一次侧绕组中便有电流 i_0 流入，这个电流称为空载电流，同时一次绕组上具有空载磁

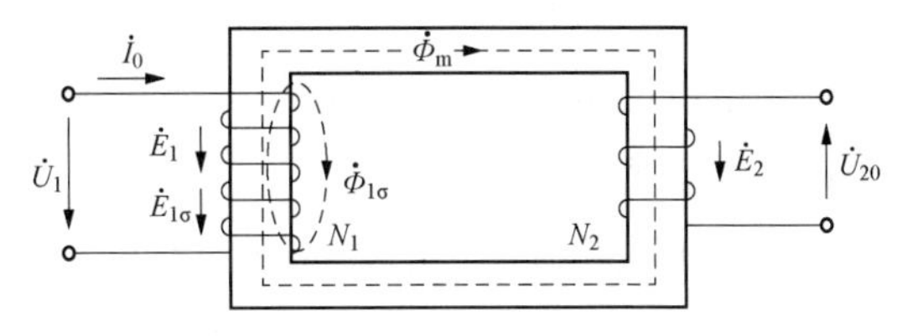

图 1 - 10　变压器空载运行示意图

动势 i_0N_1，在空载磁动势的作用下，建立变压器的空载磁场，这个磁场分布比较复杂。为了分析方便，我们把它分成两部分，如图 1-10 所示，其中一部分磁通 $\dot{\Phi}_m$ 沿着铁心闭合，同时交链于一、二次绕组，是变压器传递能量的主要媒质，称为主磁通。由于磁通交变，分别在每侧绕组感应出电动势 $\dot{E}_1$ 和 $\dot{E}_2$。另一部分磁通 $\dot{\Phi}_{1\sigma}$ 仅与一次绕组交链，称为一次绕组的漏磁通，它所经回路有一部分为非铁磁物质（变压器油），同样的漏磁通也是交变的，所以在一次绕组上还会感应出一个漏电动势 $\dot{E}_{1\sigma}$。另外，由于一次绕组上还存在内阻 r，所以通过电流后还会在内阻上产生压降。总之，变压器空载时的电磁关系如图 1-11 所示。

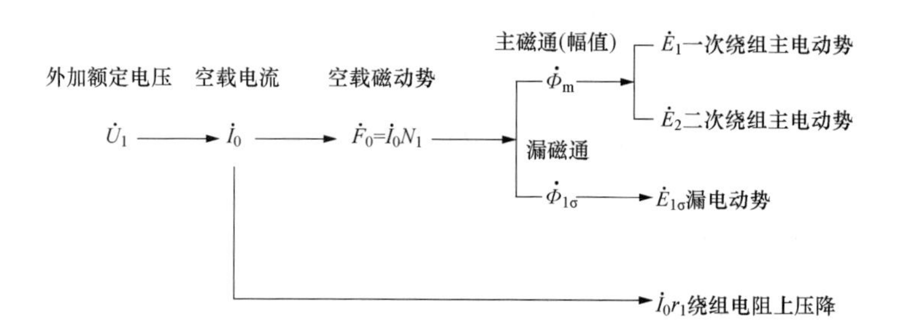

图 1-11　变压器空载时的电磁关系

2. 空载运行时的各物理量

（1）空载电流 i_0

1）空载电流的大小。

由于变压器采用了导磁性能很好的电工钢片作铁心，只需很小的空载电流就能在铁心中产生很强的磁场，感应很大的主电动势与外加电压平衡，故空载电流很小，一般小于额定电流的 10%。

2）空载电流的作用和性质。

空载电流可以看作是由铁耗电流与磁化电流两个分量构成，磁化电流用来产生磁场，其称作空载电流的无功分量，铁耗电流是铁磁物质在磁化过程中所产生的磁滞损耗和涡流损耗所对应的分量，称为空载电流的有功分量。由于空载电流无功分量远大于有功分量，故空载电流是感性无功性质的，并且变压器空载运行时功率因数很低。

3）空载电流的波形。

由于电源电压为正弦交流电压，要求主磁通也应为正弦波，才能感应正弦波电动势与电源电压平衡。

当磁路不饱和时，磁化曲线呈线性关系，磁导率是常数，根据磁路欧姆定律，当磁通为正弦波时，空载电流 i_0 也按正弦波变化。

当磁路饱和时，磁化曲线呈非线性关系，即 R_m 为变量。根据磁路欧姆定律：

$$\phi\uparrow = \frac{i_0\uparrow\uparrow N_1}{R_m\uparrow}$$

主磁通为正弦波，磁通增大，磁阻增大，空载电流增幅必须更大，所以空载电流为尖顶波。

（2）主磁通 Φ 和漏磁通 $\Phi_{1\sigma}$

主磁通 Φ 和漏磁通 $\Phi_{1\sigma}$ 在空载时都是由空载电流产生，但它们却有很大的差异：

1）在路径上，主磁通经铁心闭合，而漏磁通经非铁磁材料闭合。

2）在数量上，主磁通占绝大部分（99%以上），而漏磁通只占很少部分（1%以下）。

3）在性质上，铁磁性材料存在饱和，而非铁磁性材料不存在饱和。

4）在作用上，主磁通起传递能量的媒介作用，漏磁通只起漏抗压降作用。

（3）主电动势 E_1、E_2 与主磁通 Φ 的关系

设主磁通按正弦规律变化，即 $\phi=\Phi_m\sin\omega t$，则一次绕组主电动势瞬时值为：

$$e_1=-N_1\frac{\mathrm{d}\phi}{\mathrm{d}t}=\omega N_1\Phi_m\sin(\omega t-90^\circ)=E_{1m}\sin(\omega t-90^\circ) \tag{1-5}$$

一次绕组主电动势有效值为

$$E_1=\frac{E_{1m}}{\sqrt{2}}=4.44fN_1\Phi_m \tag{1-6}$$

一次绕组主电动势相量为

$$\dot{E}_1=-\mathrm{j}4.44fN_1\dot{\Phi}_m \tag{1-7}$$

同理，二次绕组主电动势瞬时值为

$$e_2=-N_2\frac{\mathrm{d}\phi}{\mathrm{d}t}=\omega N_2\Phi_m\sin(\omega t-90^\circ)=E_{2m}\sin(\omega t-90^\circ) \tag{1-8}$$

二次绕组主电动势有效值为

$$E_2=\frac{E_{2m}}{\sqrt{2}}=4.44fN_2\Phi_m \tag{1-9}$$

二次绕组主电动势相量为

$$\dot{E}_2=-\mathrm{j}4.44fN_2\dot{\Phi}_m \tag{1-10}$$

以上分析说明：当主磁通按正弦规律变化时，一、二次绕组主电动势也按正弦规律变化，但在相位上电动势滞后主磁通 90°。

（4）漏电动势 $E_{1\sigma}$ 与漏磁通 $\Phi_{1\sigma}$ 的关系

同理，对应漏磁通 $\Phi_{1\sigma}$ 感应的漏电动势瞬时值为

$$e_{1\sigma}=-N_1\frac{\mathrm{d}\phi_{1\sigma}}{\mathrm{d}t}=\omega N_1\Phi_{1\sigma m}\sin(\omega t-90^\circ)=E_{1\sigma m}\sin(\omega t-90^\circ) \tag{1-11}$$

一次绕组漏电动势有效值为

$$E_{1\sigma}=\frac{E_{1\sigma m}}{\sqrt{2}}=4.44fN_1\Phi_{1\sigma m} \tag{1-12}$$

并且漏电动势的有效值 $E_{1\sigma}$的大小也等于

$$E_{1\sigma}=\frac{E_{1\sigma m}}{\sqrt{2}}=\frac{\omega N_1\Phi_{1\sigma m}}{\sqrt{2}}=\frac{2\pi fN_1}{\sqrt{2}}\cdot\frac{F_{0m}}{R_{1\sigma}}=\frac{2\pi fN_1}{\sqrt{2}}\cdot\frac{\sqrt{2}I_0N_1}{R_{1\sigma}}=\frac{2\pi fN_1^2}{R_{1\sigma}}I_0=x_{1\sigma}I_0 \tag{1-13}$$

式中，$x_{1\sigma}$为一次绕组漏电抗。

上面分析说明，变压器的漏电动势对应于漏磁通，因为只有漏磁通 $\Phi_{1\sigma}$交变才会感应出漏电动势 $E_{1\sigma}$，并且漏电动势的大小可以用一个漏电抗上的压降来等效。这个结论可以推广到任何一个磁通与该磁通感应的电动势的关系。也即某一个电抗总是与穿过该绕组的某一个交变的磁通对应，其大小与该磁通交变的频率 f、经过的路径饱和程度（影响磁阻 R_m 的大小）及绕组的匝数 N 有关。

且交流电机的电抗均可写成

$$x=2\pi f\frac{N^2}{R_m} \tag{1-14}$$

同时一次绕组漏电动势相量为

$$\dot{E}_{1\sigma}=-j4.44fN_1\dot{\Phi}_{1\sigma m}=-j\dot{I}_0x_{1\sigma} \tag{1-15}$$

3. 变压器空载运行等效电路图

变压器空载运行时只存在一次侧电路，二次侧电路处于开路，可视为不存在。因交变的空载电流在铁心中产生交变的主磁通，进而在一次绕组上感应出交变的主电动势 E_1，同时还有少数的漏磁通交链一次绕组，感应出漏电动势 $E_{1\sigma}$，另外一次绕组上有电阻 r_1，通过电流后产生压降为 ir_1，空载主磁通由于交变，还会在铁心中产生磁滞损耗与涡流损耗（合计统称铁耗），考虑到这一部分的消耗，也需用一个电阻 r_m 来等效，该电阻通过电流 i_0 产生的压降为 i_0r_m。

变压器一次侧习惯性参考方向的规定：因为一次绕组对于电源而言，相当于电源的负载，而负载习惯选择关联参考方向，即一次侧电压电流参考方向选择一致，均有 A 指向 X。由于空载主磁通是由空载电流产生，电流与电流产生的磁通由右手螺旋定则判定，所以一次侧磁通的参考方向应由下向上。磁通与感应电动势的关系符合电磁感应定律 $e=-N_1\frac{d\phi}{dt}$，这样电动势与磁通的关系也符合右手螺旋定则，而磁通是由电流建立的，即一次侧电动势方向与电流方向一致，均由上向下。而一次侧漏磁通的方向与主磁通方向一致，所以一次绕组漏电动势的参考方向与主电动势方向一致，如图 1 - 12 所示。

通过漏电动势与漏磁通的分析可知，任何漏电动势是由漏磁通感应的，两者具有对应关系，而漏电动势可以用一个等效电感上的压降来替代，其大小为 $\dot{E}_{1\sigma}=-\mathrm{j}\dot{I}_0x_{1\sigma}$。同样地，主电动势与主磁通的关系也是如此。为了得到空载电流和主电动势的关系，需把磁路问题电路化，考虑到主磁通不但会在绕组感应主电动势，还会在铁心中引起铁耗。考虑铁耗后，主电动势大小也可表示为 $\dot{E}_1=-\dot{I}_0(r_m+\mathrm{j}x_m)$，为了加深大家的理解，可用图1-13来表示空载电流与主电动势之间的转换关系。

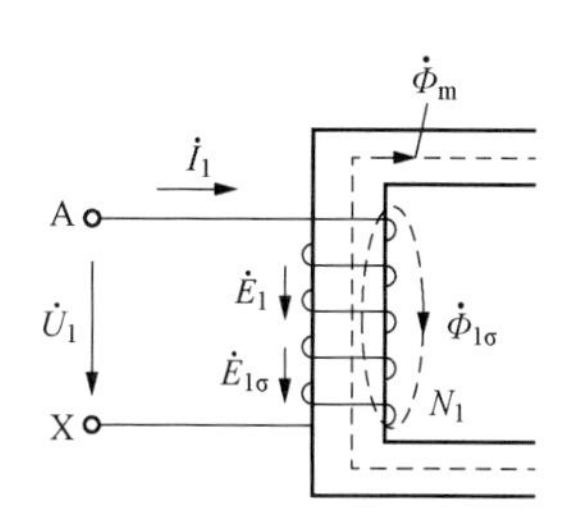

图1-12　一次绕组正方向示意图

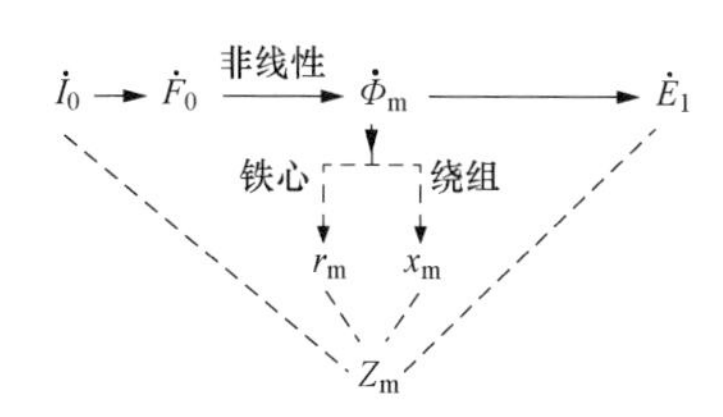

图1-13　空载电流与主电动势的关系

结合基尔霍夫电压定律的相量形式和规定的参考方向，端口电压与各电动势的关系为：

$$\begin{aligned}\dot{U}_1&=-\dot{E}_1-\dot{E}_{1\sigma}+\dot{I}_0r_1\\&=\dot{I}_0r+\mathrm{j}\dot{I}_0x_{1\sigma}+\dot{I}_0(r_m+\mathrm{j}x_m)\\&=\dot{I}_0Z_1+\dot{I}_0Z_m\end{aligned}\tag{1-16}$$

式中，$Z_1=r_1+\mathrm{j}x_{1\sigma}$，称为一次侧的漏阻抗，$r_1$ 对应于一次绕组的铜耗，$x_{1\sigma}$用以反映一次绕组的漏磁通；

$Z_m=r_m+\mathrm{j}x_m$，称为励磁阻抗，r_m 称为励磁电阻，其用以模拟铁心中的铁耗，x_m 称为励磁电抗，反映了铁心中的主磁通。

依据电动势方程，可得出对应等效电路图如图1-14所示。

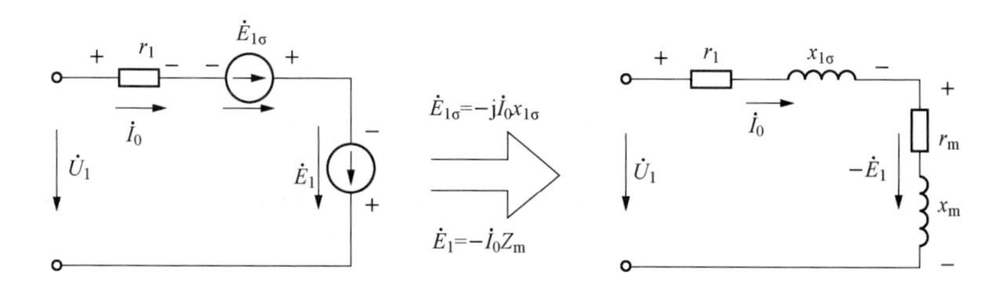

图1-14　变压器空载运行时的一次侧等效电路图

4. 变压器空载运行的平衡方程

(1) 一次侧电动势平衡方程

$$\begin{aligned}\dot{U}_1&=-\dot{E}_1-\dot{E}_{1\sigma}+\dot{I}_0r_1=-\dot{E}_1+\dot{I}_0r+\mathrm{j}\dot{I}_0x_{1\sigma}\\&=-\dot{E}_1+\dot{I}_0(r_1+\mathrm{j}x_{1\sigma})=-\dot{E}_1+\dot{I}_0Z_1\end{aligned}\tag{1-17}$$

式中，E_1 的大小约占99.8%，忽略漏阻抗上的压降，所以 $\dot{U}_1\approx-\dot{E}_1$，也即 $U_1\approx E_1=4.44fN\Phi_m$。

上式说明：在频率和匝数一定情况下，电源电压大小决定铁心中主磁通幅值。这一关系，也称之为电压决定磁通的原则。

并且励磁支路电压降

$$-\dot{E}_1 = \dot{I}_0 Z_m \tag{1-18}$$

（2）二次侧电动势平衡方程

因为 $I_2=0$，由基尔霍夫定律可得

$$\dot{U}_{20} = \dot{E}_2 \tag{1-19}$$

（3）变比

一次绕组的相电动势与二次绕组的相电动势之比，即

$$k = \frac{E_1}{E_2} = \frac{N_1}{N_2} \approx \frac{U_1}{U_2} \tag{1-20}$$

习惯用高压相电动势比低压相电动势，则变比 $k>1$。

5. 变压器空载运行的相量图

相量图用以反映电动势、磁通、电压及电流间的相位关系，也可以表示它们在数值上的关系（以相量的长度来体现）。

变压器空载运行的相量图，如图 1-15 所示，包含以下几个基本关系。

1）反映变压器空载运行时一、二次绕组的电动势平衡关系，即一次绕组电动势平衡方程 $\dot{U}_1=-\dot{E}_1+\dot{I}_0Z_1$ 和二次绕组的电动势平衡方程 $\dot{U}_{20}=\dot{E}_2$。

2）空载运行时主磁通与一、二次侧电动势的关系，即 $\dot{E}_1=-\mathrm{j}4.44fN_1\dot{\Phi}_m$ 和 $\dot{E}_2=-\mathrm{j}4.44fN_2\dot{\Phi}_m$。

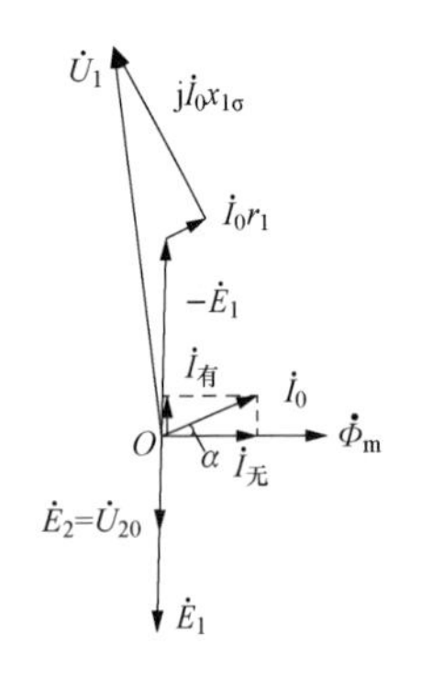

图 1-15　变压器空载运行的相量图

3）空载电流和主磁通的关系，空载电流 $\dot{I}_0$ 超前于主磁通 $\dot{\Phi}_m$ 一个角度 α，α 的大小与铁耗有关。作相量图时，一般从二次侧开始，再磁路，最后一次侧，大致步骤如下：

①假设二次侧电压已知，根据 $\dot{E}_2=\dot{U}_{20}$，确定 $\dot{E}_2$ 和 $\dot{U}_2$ 大小相等，相位同相。

②根据 $\dot{E}_2=-\mathrm{j}4.44fN_2\dot{\Phi}_m$，确定 $\dot{\Phi}_m$ 的大小与相位，$\dot{\Phi}_m$ 应超前于 $\dot{E}_2 90°$。

③根据 $\dot{\Phi}_m$ 确定空载电流 $\dot{I}_0$，$\dot{I}_0$ 超前于 $\dot{\Phi}_m$ 一个角度 α。

4）根据一次侧电动势平衡方程：$\dot{U}_1=-\dot{E}_1+\dot{I}_0r+\mathrm{j}\dot{I}_0x_{1\sigma}$，要做出一次侧电压 $\dot{U}_1$

的相量，就必须：

①做出$-\dot{E}_1$的相量，其与$\dot{E}_1$大小相等，方向相反；

②相量相加在相量图上即首尾相连的法则，即在$-\dot{E}_1$的箭头上作$\dot{I}_0 r$，也即和励磁电流$\dot{I}_0$平衡，线段长度等于$I_0 r$；

③在$\dot{I}_0 r$的箭头作$\mathrm{j}\dot{I}_0 x_{1\sigma}$，也即超前于$\dot{I}_0 r 90°$；

④作$\dot{U}_1$：将$-\dot{E}_1$的箭尾端点指向$\mathrm{j}\dot{I}_0 x_{1\sigma}$箭头端点之间的有向线段，即为$\dot{U}_1$。

必须指出，为了让大家看得清楚相量图$\dot{I}_0 r_1$和$\mathrm{j}\dot{I}_0 x_{1\sigma}$有意放大了很多倍，其实$I_0 r_1$的长度不到$U_1$的1%。

二、变压器的负载运行

变压器负载运行是指一次绕组加上交变的额定电压，二次绕组接上负载Z_L的运行状态。此时二次绕组有电流I_2流过，根据电磁耦合关系，一次绕组电流也做相应的改变，由空载时的电流I_0变为负载时的电流I_1。对于变压器的负载运行，主要讨论变压器负载时一、二次绕组电磁之间的基本关系，包括电动势平衡方程与磁动势平衡方程，以及相应的功率平衡和能量传递过程，通过各物理量的折算，最后得出变压器负载运行时对应的等效电路图和相量图。

1. 变压器负载运行的物理状况

图1-16为单相变压器负载运行电路示意图，当变压器接上负载后，二次绕组便有了电流$\dot{I}_2$，建立二次磁动势$\dot{F}_2$，它也作用在铁心磁路上，和变压器空载运行相比，二次磁动势的存在，改变了原有的磁动势平衡状态，迫使主磁通变化，从而引起一、二次侧绕组电动势$\dot{E}_1$和$\dot{E}_2$也随之改变，在外施电源电压$\dot{U}_1$和一次侧绕组的漏阻抗Z_1不变的情况下，电动势$\dot{E}_1$的改变破坏了已建立的电压平衡，迫使一次绕组的电流由空载运行时的电流$\dot{I}_0$变成负载运行时的电流$\dot{I}_1$，于是变压器又达到新的状态下的平衡。

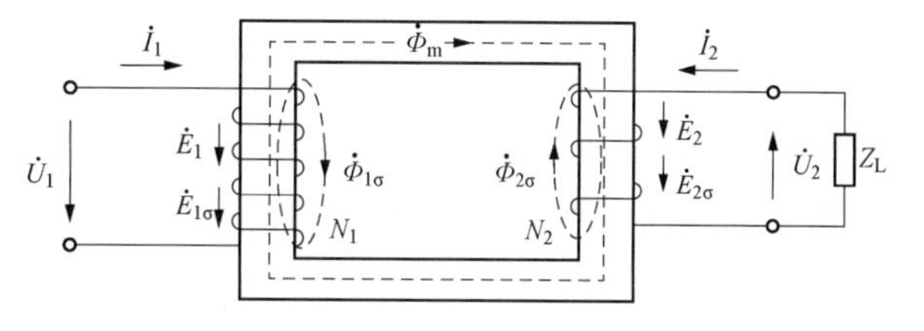

图1-16 单相变压器负载运行电路示意图

变压器负载运行后，铁心中的主磁通$\dot{\Phi}_m$由一次侧的电流$\dot{I}_1$和二次侧的电流$\dot{I}_2$分别建立的磁动势$\dot{F}_1$和$\dot{F}_2$共同产生，主磁通交链一、二次绕组，并分别在绕组中感应电动势$\dot{E}_1$、$\dot{E}_2$。一次侧的电压$\dot{U}_1$，绝大部分被负载时一次侧电动势$\dot{E}_1$平衡后，余下部分用以克服一次侧绕组的漏阻抗Z_1而维持电流$\dot{I}_1$在一次绕组中流通。二次侧电流

$\dot{I}_2$的出现，除了在铁心中产生磁动势 $\dot{F}_2$，也和一次绕组一样，还将产生与二次绕组相交链的漏磁通 $\dot{\Phi}_{2\sigma}$，使二次绕组中感应出漏电动势 $\dot{E}_{2\sigma}$。另外二次绕组上有同样有内阻 r_2，当通过电流 $\dot{I}_2$后，在二次绕组的电阻上产生压降 $\dot{I}_2 r_2$。综合以上所述，变压器负载运行时的电磁关系如图 1 - 17 所示。

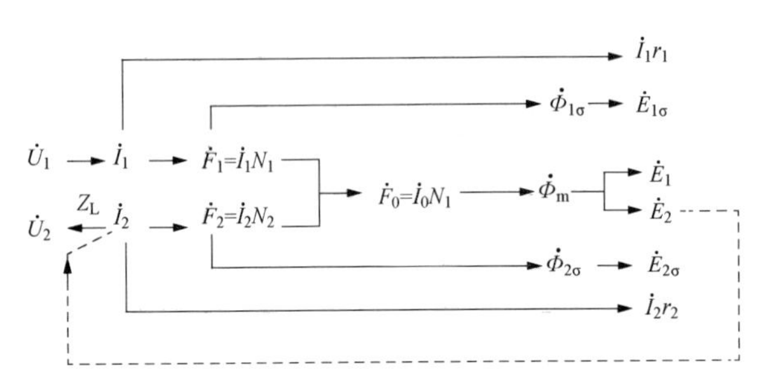

图 1 - 17　变压器负载运行时的电磁关系

2. 磁动势平衡关系

变压器空载和负载时都接在同一个线路上，则电源电压 U_1 不变，由电压决定磁通的原则可知，主磁通 Φ_m 基本不变，则磁通 Φ_m 在一次侧感应的电动势 E_1 变换很小。由于铁心中的主磁通变化不大，所以铁心中的饱和程度也基本不变。而磁通是由磁动势建立的，所以变压器空载运行时的磁动势与负载运行时的磁动势基本相等，即 $\dot{F}_0=\dot{F}_1+\dot{F}_2$，由此得出变压器的磁动势平衡方程为

$$\dot{I}_0 N_1=\dot{I}_1 N_1+\dot{I}_2 N_2 \tag{1 - 21}$$

将式子左右两边同时除以 N_1，移项整理得电流关系为

$$\dot{I}_1=\dot{I}_0+\left(-\frac{\dot{I}_2}{k}\right) \tag{1 - 22}$$

上式说明变压器负载运行时，一次绕组的电流可以看成由两个分量组成：一个是空载电流分量 $\dot{I}_0$，流过一次绕组，建立大小基本不变的主磁通，同时供应铁心中的铁耗 P_{Fe}；另一个分量是$-\dot{I}_2/k$，是因为二次侧绕组负载而增加的部分，称为负载分量，它所产生的磁动势用以平衡二次侧磁动势 F_2，则说明变压器负载运行时通过磁动势的平衡关系使一、二次侧的电流紧密地联系在一起，二次侧电流的增加或减少，必然同时引起一次侧电流的增加或减少。另外从物理的意义上分析，若忽略励磁电流，则 $\dot{I}_1=-\dot{I}_2/k$，这个负号，说明变压器一、二次侧电流为反相的关系，也即二次侧电流建立的磁场对一次侧电流建立的磁场起到抵消的作用，若二次侧电流越大，则二次侧电流建立的磁场对一次侧抵消得越多，由于电源电压不变，由电源决定磁通的原则可知，要维持总磁通不变，则一次侧电流必将随着二次侧电流的增大而增大。相应地，二次侧输出功率的增加或减少，也将引起一次侧从电网吸收功率的增加或减少。

3. 变压器负载运行的电动势平衡方程

变压器空载运行时，我们已分析出变压器一次侧对应的电路图，在变压器内部，其二次绕组情况与一次绕组完全相似，所不同的是一次侧加电源，二次接负载。一、二次绕组内部电路图如图 1 - 18 所示。

(1) 一次回路电动势平衡方程

$$\begin{aligned}\dot{U}_1 &= -\dot{E}_1 - \dot{E}_{1\sigma} + \dot{I}_1 r_1 \\ &= -\dot{E}_1 + \dot{I}_1(r_1 + \mathrm{j}x_{1\sigma}) \\ &= -\dot{E}_1 + \dot{I}_1 Z_1\end{aligned} \tag{1-23}$$

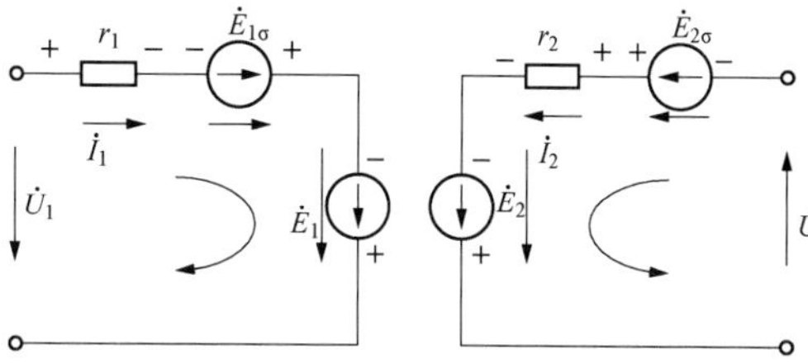

图1-18　一、二次绕组内部电路图

该式与变压器空载运行时一次侧的电动势方程式相似，仅一次侧电流由 $\dot{I}_0$变成 $\dot{I}_1$。在实际变压器中，一次侧的漏阻抗压降是比较小的，即使在额定负载情况下，$\dot{I}_1 Z_1$ 也只有一次侧电压 $\dot{U}_1$ 的 2%～6%，将 $\dot{U}_1$ 与 $\dot{I}_1 Z_1$ 相量相减后得到的电动势$-\dot{E}_1$ 与一次侧电压 $\dot{U}_1$ 相比，两者相差很小，所以变压器负载运行时，在正常工作状态下，仍然认为 $\dot{U}_1 \approx -\dot{E}_1$ 或$U_1 \approx E_1$。

(2) 二次回路电动势方程

和一次侧相仿，二次侧的漏电动势也可以用漏抗压降表示，即 $\dot{E}_{2\sigma} = -\mathrm{j}\dot{I}_2 x_{2\sigma}$，由 KVL 定律得到二次侧的电动势平衡方程为：

$$\dot{U}_2 = \dot{E}_2 + \dot{E}_{2\sigma} - \dot{I}_2 r_2 = \dot{E}_2 - \dot{I}_2(r_2 + \mathrm{j}x_{2\sigma}) = \dot{E}_2 - \dot{I}_2 Z_2 \tag{1-24}$$

式中，$Z_2 = r_2 + \mathrm{j}x_{2\sigma}$，称为二次漏阻抗。

结合变压器电磁关系分析的结论，得出变压器负载运行时的基本方程组为

$$\left.\begin{aligned}\dot{U}_1 &= -\dot{E}_1 + \dot{I}_1 r_1 + \mathrm{j}\dot{I}_1 x_{1\sigma} \\ \dot{U}_2 &= \dot{E}_2 - \dot{I}_2 r_2 - \mathrm{j}\dot{I}_2 x_{2\sigma} \\ \dot{I}_1 &= \dot{I}_0 + \left(-\frac{\dot{I}_2}{k}\right) \\ \dot{E}_1 &= K\dot{E}_2 \\ -\dot{E}_1 &= \dot{I}_0 Z_{\mathrm{m}} \\ \dot{U}_2 &= \dot{I}_2 Z_{\mathrm{L}}\end{aligned}\right\} \tag{1-25}$$

4. 变压器一、二次绕组之间的折算

通过联解方程式 (1-25)，便可以对变压器进行定量的分析与计算，即计算变压器一、二次侧的电流 $\dot{I}_1$、$\dot{I}_2$和空载电流 $\dot{I}_0$，以及一、二次侧的电动势 $\dot{E}_1$、$\dot{E}_2$ 与负载电压 $\dot{U}_2$，但是计算过程繁琐，因为一、二次绕组没有直接电的联系，只有磁的耦合。为了计算方便并能直观地反映变压器内部的电磁关系，找出一、二次绕组之间等效电路模型，引入折算法。

折算的目的是为了简化计算过程和得出与实际变压器效果相仿的电路模型，其常将

二次侧折算到一次侧。为了便于区别，在二次侧各量的右上角加一撇（如 U_2'、I_2'）作为折算后的量。

折算的方法是：将变压器的变比看作等于 1，保持一次绕组匝数 N_1 不变，令二次绕组的匝数 $N_2'=N_1$，并且虚设绕组上的各物理量（折算后的量）应与实际二次绕组上的物理量（折算前的量）对应，称为二次侧折算到一次侧。当然也可以令一次绕组的匝数 $N_1'=N_2$，将一次侧折算到二次侧。

折算的原则是：保持变压器内部的电磁平衡关系不变，即：

1）折算前后的磁动势不变，即 $F_2'=F_2$。负载是通过磁动势影响一次侧。

2）折算前后各部分功率不变，包括有功功率和无功功率，因为变压器的能量转换关系不能变。

根据折算原则，二次侧各物理量折算前后的对应关系如下：

（1）二次侧电流的折算

保持折算前后的磁动势不变，可推导出折算前后的二次电流关系为：

$$\dot{F}_2 = \dot{I}_2 N_2 = \dot{I}'_2 N_1 = F'_2$$

即

$$\dot{I}'_2 = \frac{N_2}{N_1}\dot{I}_2 = \frac{\dot{I}_2}{k} \tag{1-26}$$

很容易理解，因为折算时把变压器的变比看作 1，即折算后的二次侧的电流就等于变压器一次侧的电流，由于变压器一次侧的电压是二次侧电压的 k 倍，所以一次绕组的电流则为二次绕组电流的 $\frac{1}{k}$ 倍。

（2）二次侧电动势与电压的关系

因折算前后主磁通与漏磁通不变，根据电动势与匝数成正比关系，可推算出二次侧折算前后的电动势（电压）关系

$$\frac{E'_2}{E_2} = \frac{N_1}{N_2} = k$$

即　$E'_2 = kE_2 = E_1$

同理　$U'_2 = kU_2$　　　　(1-27)

（3）二次侧阻抗的折算

根据折算前后有功功率不变的原则得

$$\dot{I}_2^2 r_2 = \dot{I}'^2_2 r'_2 = \left(\frac{\dot{I}_2}{k}\right)^2 r'_2$$

$$r'_2 = k^2 r_2 \tag{1-28}$$

同理根据折算前后无功功率不变的原则得

$$\dot{I}_2^2 x_2 = \dot{I}'^2_2 x'_2 = \left(\frac{\dot{I}_2}{k}\right)^2 x'_2$$

$$x'_2 = k^2 x_2 \tag{1-29}$$

以上是二次侧折算到一次侧的结果，若将一次侧折算到二次侧，则一次侧折算后的电压等于折算前的电压除以变比 k，一次侧折算后的电流等于折算前的电流乘以变比 k，折算后的阻抗等于折算前的阻抗除以变比 k^2，不管一次侧折算到二次侧，还是二次侧折算到一次侧，最终我们归纳为高压侧折算到低压侧和低压侧折算到高压侧。

（1）若由低压侧折算到高压侧

凡是单位为伏特的物理量，折算后的值都等于折算前的值乘以变比 k；凡是单位为安培的物理量，折算后的值都等于折算前的值除以变比 k；凡是单位为欧姆的物理量，折算后的值都等于折算前的值乘以变比 k^2。

（2）若由高压侧折算到低压侧

凡是单位为伏特的物理量，折算后的值都等于折算前的值除以变比 k；凡是单位为安培的物理量，折算后的值都等于折算前的值乘以变比 k；凡是单位为欧姆的物理量，折算后的值都等于折算前的值除以变比 k^2。

5. 折算后的基本方程与等效电路图

（1）折算后变压器的基本方程组

$$\left.\begin{aligned}
\dot{U}_1 &= -\dot{E}_1 + \dot{I}_1 r_1 + \mathrm{j}\dot{I}_1 x_{1\sigma} \\
\dot{E}'_2 &= \dot{U}'_2 + \dot{I}'_2 r'_2 + \mathrm{j}\dot{I}'_2 x'_{2\sigma} \\
\dot{I}_1 + \dot{I}'_2 &= \dot{I}_0 \\
\dot{E}_1 &= \dot{E}'_2 \\
-\dot{E}_1 &= \dot{I}_0 Z_{\mathrm{m}} \\
\dot{U}'_2 &= \dot{I}'_2 Z'_{\mathrm{L}}
\end{aligned}\right\} \tag{1-30}$$

（2）变压器等效电路的演变

变压器负载运行时，其实是借助一、二次绕组间的电磁关系来传递能量。而磁路的非线性使得变压器的分析很麻烦，那么能否将复杂的磁路问题转化为简单的电路问题来进行分析呢？变压器运行时，虽然一、二次绕组之间没有电的联系，但我们假设变压器的变比 $k=1$ 后，就把变压器的一、二次绕组联系起来了。并且变压器空载运行时，通过分析，已经得出变压器一次侧的等效电路图，从变压器的内部结构而言，二次侧与一次侧没有什么区别，忽略外部负载，变压器二次侧也可以等效为一次侧相类似的电路，如图 1-19（a）所示。

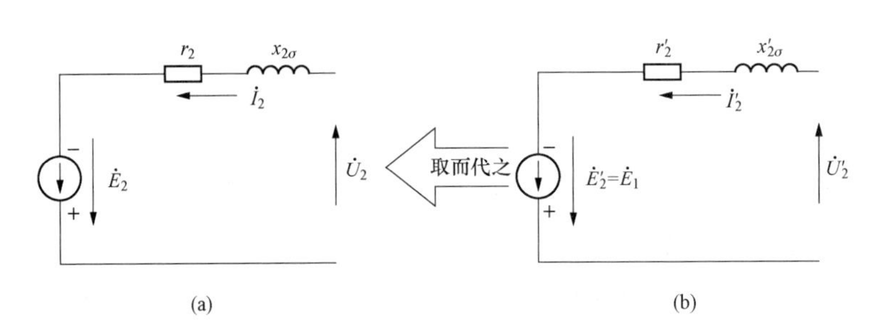

图 1-19　变压器二次侧的等效电路图

(a) 实际二次绕组（N_2）回路；(b) 虚设绕组（N_1）回路

在满足折算原则的前提下，用匝数为 N_1 的虚设绕组取代实际匝数为 N_2 的二次绕组后，二次侧折算后的等效电路图如图 1-19（b）所示。由于二次侧折算后的电动势 $\dot{E}_2'=\dot{E}_1$，也即将变压器的变比看作 1 后，一次绕组的电动势 $\dot{E}_1$ 的上下端钮与折算后的二次绕组电动势 $\dot{E}_2'$的上下对应端钮等电位，于是可以在对应等电位点分别用导线将其短接，即将一、二次侧电路合二为一，如图 1-20 所示。

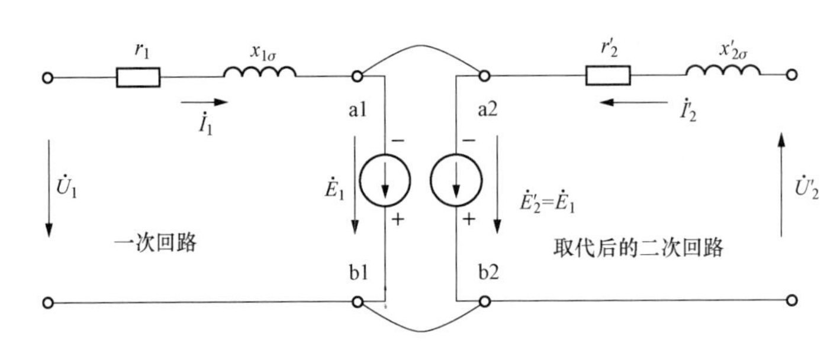

图 1-20　将一、二次电路二合一电路

1）变压器的 T 形等效电路

通过变压器的空载运行可知，$\dot{E}_1$ 是由主磁通 $\dot{\Phi}_m$ 感应的，而任何一个磁通都有一个电抗与之相对应，由于磁通交变，还会在铁心中产生损耗，考虑铁耗后，电动势 $\dot{E}_1$ 即可用励磁电阻 r_m 与励磁电抗 x_m 串联的电路来等效，也即电动势 $\dot{E}_1$ 可用空载电流 $\dot{I}_0$在励磁阻抗 Z_m 上的压降表示：$\dot{E}_1=-\dot{I}_0Z_m$，由此得出变压器的 T 形等效电路图，如图 1-21 所示。

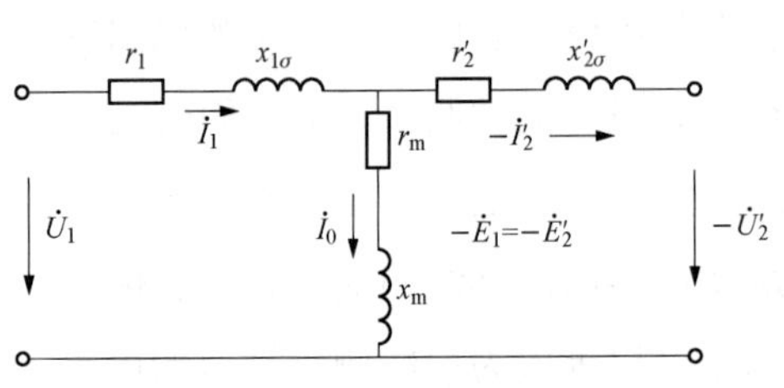

图 1-21　变压器的 T 形等效电路图

2）变压器的近似等效电路图

在变压器的 T 形等效电路图中，由于电路中含有复阻抗的串并联，计算很复杂，工程上为了简化计算量，习惯将励磁支路前移，如图 1-22 所示，这样就大大地减少了计算量。并且，励磁支路前移前后进行比较，计算的误差相差很小，并将该电路图称之为变压器的近似等效电路图，也称为Γ形等效电路图。

3）变压器的简化等效电路

考虑变压器空载电流 $\dot{I}_0$很小，在工程上常把它忽略不计，将励磁支路开路，于是得到变压器的简化等效电路，如图1-23所示。图中：

$r_k = r_1 + r_2'$——称为变压器的短路电阻

$x_k = x_{1\sigma} + x_{2\sigma}'$——称为变压器的短路电抗

$z_k = r_k + jx_k$——称为变压器的短路阻抗

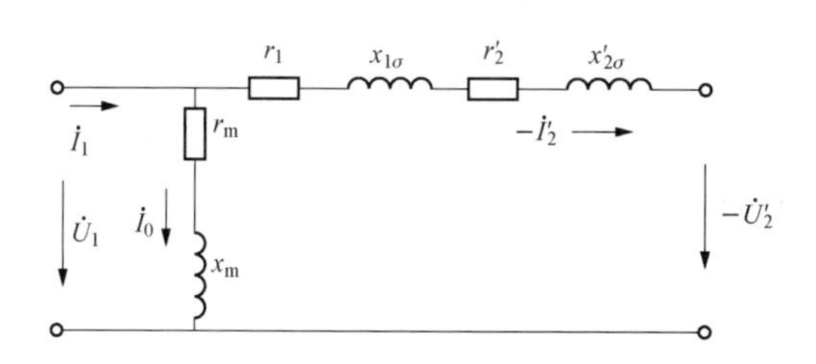

图1-22　变压器的近似等效电路图

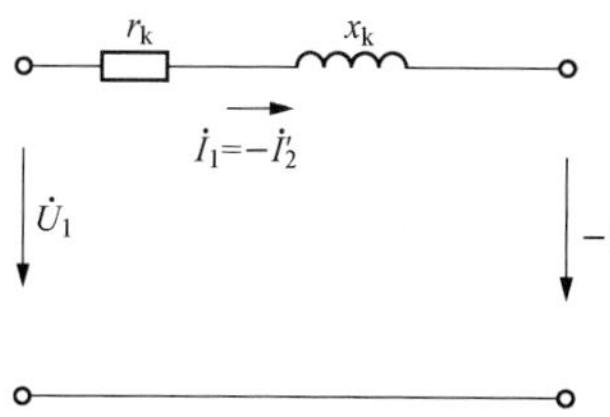

图1-23　变压器的简化等效电路图

简化后变压器的基本方程为：

$$\left.\begin{aligned} \dot{I}_1 &= -\dot{I}_2' \\ \dot{U}_1 &= -\dot{U}_2' + \dot{I}_1 r_k + j\dot{I}_1 x_k = -\dot{U}_2' + \dot{I}_1 Z_k \end{aligned}\right\} \tag{1-31}$$

6. 简化相量图

根据式（1-31），可作简化等效电路的相量图，方法如下：先做$-\dot{U}_2'$和$-\dot{I}_2' = \dot{I}_1$的相量，它们之间相位差为φ_2，并且$-\dot{U}_2'$超前于$-\dot{I}_2'$，因为系统是以感性负载为主，然后根据首尾相连的法则，在$-\dot{U}_2'$的箭头作$-\dot{I}_2'$的平行线，线段长度等于$I_2' r_k$，再在$-\dot{I}_2' r_k$的箭头作电流$-\dot{I}_2'$的垂线且超前$-\dot{I}_2'$90°，最后将起点和最后的箭头连接起来的有向线段即为电源电压$\dot{U}_1$的相量图，如图1-24所示。

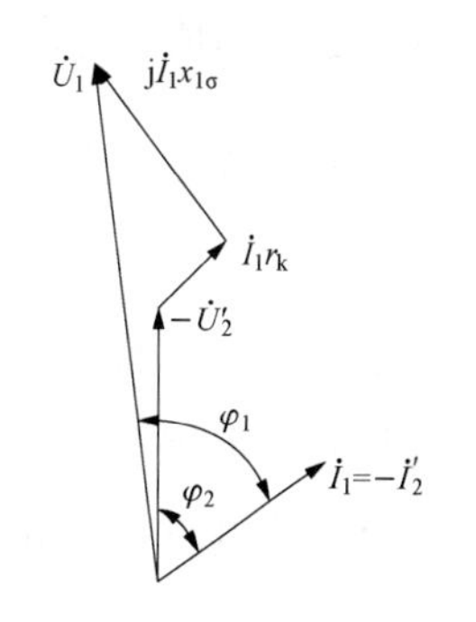

图1-24　变压器的简化电路相量图

习题

1. 为什么要把变压器的磁通分成主磁通和漏磁通，它们有哪些区别？

2. 变压器的空载电流的性质和作用如何，其大小与哪些因素有关？

3. 为什么变压器空载运行时二次绕组没有漏磁通，而负载运行时二次绕组有漏磁通存在？

4. 变压器的主磁通是否随负载变化？为什么？

5. 从物理的意义上分析，为什么变压器一次侧的电流随着二次侧电流的变化而变化？

6. 画出变压器的 T 形等效电路图，并说明其各参数的物理意义。

7. $x_{1\sigma}$、$x_{2\sigma}$、x_m 各对应于什么磁通？它们是否为常数？为什么？

8. 一台变比为 220V/100V 的单相变压器，能否一次绕组用 2 匝，二次绕组用 1 匝，为什么？

任务3 变压器的标幺值

在电力工程的计算中，各物理量除了用实际值来表示之外，还常用标幺值来表示。

实际值也称有名值，也即有单位的物理量，例如：电压 $U=5\text{V}$，电流 $I=10\text{A}$，功率 $P=100\text{W}$ 等，这些都是有名值。

而标幺值是指某一物理量的实际值与同单位的基准值之比，即，标幺值$=\dfrac{\text{有名值}}{\text{基准值}}$，标幺值实际上是相对于基准值的百分数，只是习惯用小数表示而不用百分比表示，其无单位，为了使标幺值在表达上有所区分，习惯在原物理量的右上角加“*”表示，以区别于实际值。例如电流的实际值用 I 表示，则电流的标幺值用 I^* 表示。

一、基准值（基值）选取

基准值的选择是人为的，对于变压器或其他电机，通常取各量的额定值作为基准值。

1. 电压、电流

均选取对应侧的额定电压、额定电流作基值，如果实际值是相电压、相电流，则选取对应侧的额定相电压、相电流作为基准值；如果实际值是线电压、线电流，则选取对应侧的额定线电压、线电流作为基准值，则高低压侧电压电流的标幺值为

$$\left.\begin{aligned}U_{1P}^*=\frac{U_{1P}}{U_{1NP}},U_{1l}^*=\frac{U_{1l}}{U_{1Nl}},I_{1P}^*=\frac{I_{1P}}{I_{1NP}},I_{1l}^*=\frac{I_{1l}}{I_{1Nl}}\\U_{2P}^*=\frac{U_{2P}}{U_{2NP}},U_{2l}^*=\frac{U_{2l}}{U_{2Nl}},I_{2P}^*=\frac{I_{2P}}{I_{2NP}},I_{2l}^*=\frac{I_{2l}}{I_{2Nl}}\end{aligned}\right\}\tag{1-32}$$

2. 阻抗

一次侧的阻抗基值为 $Z_{1N}=\dfrac{U_{1NP}}{I_{1NP}}$，二次侧的阻抗基值 $Z_{2N}=\dfrac{U_{2NP}}{I_{2NP}}$，注意式中电压电流均为相电压、相电流的额定值。在明确了一、二次侧阻抗的基准值后，一、二次阻抗的标幺值可表达为

$$\left.\begin{aligned} Z_1^* &= \frac{Z_1}{Z_{1N}}, r_1^* = \frac{r_1}{Z_{1N}}, x_{1\sigma}^* = \frac{x_{1\sigma}}{Z_{1N}} \\ Z_2^* &= \frac{Z_2}{Z_{2N}}, r_2^* = \frac{r_2}{Z_{2N}}, x_{2\sigma}^* = \frac{x_{2\sigma}}{Z_{2N}} \end{aligned}\right\} \tag{1-33}$$

3. 功率

所有功率的标幺值一律取额定视在功率 S_N 作为基准值，则功率的标幺值表达如下

$$\left.\begin{aligned} S^* &= \frac{S}{S_N} = \frac{UI}{U_N I_N} = U^* I^* \\ P^* &= \frac{P}{S_N} = \frac{UI\cos\varphi}{U_N I_N} = U^* I^* \cos\varphi \\ Q^* &= \frac{Q}{S_N} = \frac{UI\sin\varphi}{U_N I_N} = U^* I^* \sin\varphi \end{aligned}\right\} \tag{1-34}$$

从上式可以看出，所有有名值的公式，换成标幺值之后，同样成立。

二、标幺值的优缺点

1. 优点

1）同类电机，尽管其容量及电压等级相差很大，但其性能参数的标幺值变化范围却不大，便于不同容量的变压器进行比较。

2）当实际值就是额定值时，其标幺值等于1，方便计算。

3）采用标幺值后，一、二次间无需折算。

如：$U_2^* = \frac{U_2}{U_{2N}} = \frac{kU_2}{kU_{2N}} = \frac{U_2'}{U_{1N}} = U'^*_2$，$I_2^* = \frac{I_2}{I_{2N}} = \frac{1/kI_2}{1/kI_{2N}} = \frac{I_2'}{I_{1N}} = I'^*_2$

4）某些物理量性质尽管不同，但它们的标幺值具有相同的数。

如：$U_k^* = \frac{U_k}{U_{1N}} = \frac{I_{1N}Z_k}{U_{1N}} = \frac{Z_k}{Z_{1N}} = Z_k^*$，$I_0^* = \frac{I_0}{1_{1N}} = \frac{\frac{U_{1N}}{Z_m}}{I_{1N}} = \frac{U_{1N}}{I_{1N}Z_m} = \frac{Z_{1N}}{Z_m} = \frac{1}{Z_m^*}$

上式说明：变压器用了标幺值表示后，短路电压的标幺值与短路阻抗的标幺值相等，而励磁电流的标幺值与励磁阻抗的标幺值互为倒数关系。

2. 缺点

标幺值没有单位，因而物理概念模糊。

三、标幺值在工程上的应用

正因为上述优点，工程上的计算往往习惯采用标幺值来进行计算，相对于有名值而言，可以大大减少计算工作量。下面以实例来说明标幺值的优越性。

【例1-1】　一台三相变压器的容量为100kVA，U_{1N}/U_{2N}=10kV/0.4kV，短路电压 U_k^*=0.065，联结方式为Yd，已知电源的实际电压 U_1=9600V，若变压器负载阻抗的标

幺值 $Z_L^*=1.935$，求：变压器高低压绕组的线电压、相电压与线电流、相电流的实际值？

解： 用变压器的简化等效电路图来分析，其等效电路图如图 1-25 所示。

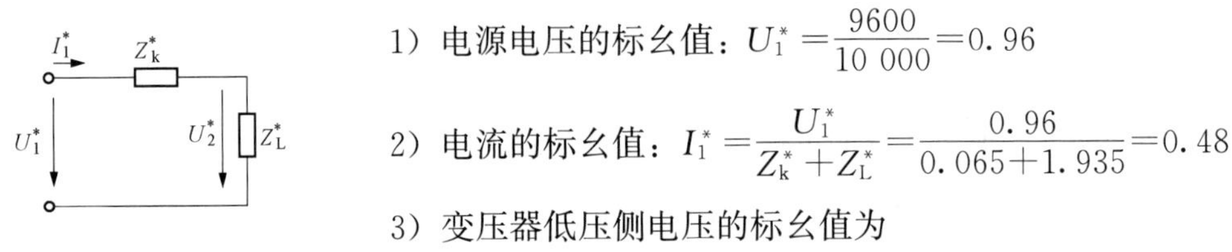

图 1-25　等效电路图

1）电源电压的标幺值：$U_1^*=\dfrac{9600}{10\ 000}=0.96$

2）电流的标幺值：$I_1^*=\dfrac{U_1^*}{Z_k^*+Z_L^*}=\dfrac{0.96}{0.065+1.935}=0.48$

3）变压器低压侧电压的标幺值为

$$U_2^*=I_1^*Z_L^*=0.48\times1.935=0.928\ 8$$

4）变压器低压侧的线电压与相电压相等，大小为

$$U_{l2}=U_{P2}=U_2^*\times U_{2N}=0.928\ 8\times400=371.5(\text{V})$$

5）变压器高压侧的线电压、相电压分别为

$$U_{l1}=9600\text{V}\qquad U_{P1}=\frac{9600}{\sqrt{3}}=5542.7(\text{V})$$

6）变压器一次侧的额定电流为：$I_{1N}=\dfrac{S_N}{\sqrt{3}U_{1N}}=\dfrac{100}{\sqrt{3}\times10}=5.774(\text{A})$

7）变压器高压侧的线电流与相电流相等，为

$$I_{l1}=I_{P1}=I_1^*\times I_{1N}=0.48\times5.774=2.772(\text{A})$$

8）变压器二次侧的额定电流为：$I_{2N}=\dfrac{S_N}{\sqrt{3}U_{2N}}=\dfrac{100}{\sqrt{3}\times0.4}=144.34(\text{A})$

9）变压器低压侧的线电流与相电流分别为：

$$I_{l2}=I_1^*\cdot I_{2N}=0.48\times144.34=69.28(\text{A}),\quad I_{P2}=\frac{I_{l2}}{\sqrt{3}}=\frac{69.28}{\sqrt{3}}=40(\text{A})$$

习题

1. 请说明标幺值的优缺点。

2. 为什么变压器空载电流的标幺值与励磁阻抗的标幺值互为倒数关系？

3. 用标幺值表达时，为什么一、二次间不需要折算？为什么短路阻抗的标幺值与短路电压的标幺值相等？

4. 一台三相变压器的容量为 9000kVA，$U_{1N}/U_{2N}=110\text{kV}/10\text{kV}$，短路电压 $U_k^*=0.06$，联结方式为 Yd，已知电源的实际电压 $U_1=108\text{kV}$，若变压器负载阻抗的标幺值 $Z_L^*=1.94$，求：变压器高、低压绕组的线电压、相电压与线电流、相电流的标幺值与实际值各为多少？

任务 4　变压器的参数测定

在变压器的 T 形等效电路，其中 r_1、$x_{1\sigma}$、r_2、$x_{2\sigma}$、r_m 和 x_m 等六个阻抗称为变压器

的参数，它们对变压器的运行有直接的影响。等效电路只有在参数已知的前提下，才有意义。而变压器的参数，可以通过试验的方法测定并计算出来，由于变压器等效电路是一个二端口网络，可以通过空载试验和短路试验分别测定励磁阻抗和短路阻抗。

一、变压器的空载试验

1. 试验目的

通过测量空载时所加电压 U_1、空载电流 I_0 及空载损耗 P_0 来求取励磁阻抗和变比 k。

2. 试验接线与步骤

按图1-26接线，从原理上讲，变压器的空载试验既可以在高压侧做，也可以在低压侧做，但是为了安全和仪表选取方便，一般选择低压绕组加电源电压，高压侧开路。在低压侧进行试验时，测量的数据为低压侧的值，由此计算的励磁阻抗也为低压侧的值。

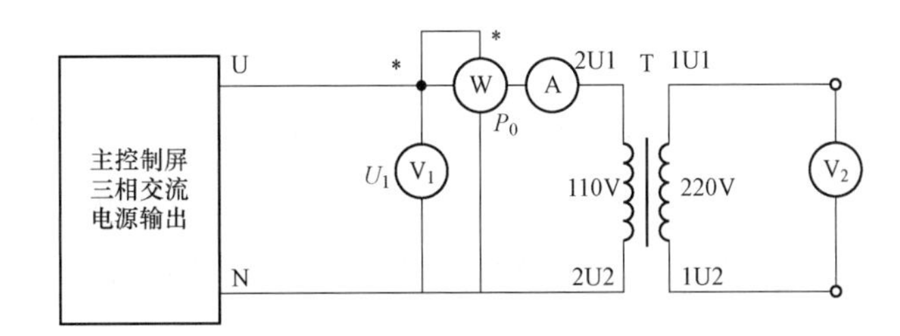

图1-26　变压器的空载试验接线图

图中电流表Ⓐ、电压表(V_1)和(V_2)功率表Ⓦ分别用来测量低压侧的励磁电流，低、高压侧电压和空载损耗。功率表接线时，需注意电压线圈和电流线圈的同名端，避免接线错误。

其主要操作步骤为：

1）在三相交流电源断电的条件下，将调压器旋钮逆时针方向旋转到底，并合理选择各仪表量程。

2）合上交流电源空气开关，同时按下绿色“闭合”按钮，顺时针调节调压器旋钮，使变压器空载电压达到低压侧额定电压，分别测取变压器空载电流 I_0 和空载损耗 P_0。

3. 励磁阻抗的计算

（1）变比的计算

$$k=\frac{U_{1N}}{U_{20}} \tag{1-35}$$

（2）励磁阻抗的计算

从变压器的T形等效电路图可知，变压器空载时的总阻抗为 $Z_0=Z_m+Z_2=(r_m+$

$\mathrm{j}x_{\mathrm{m}})+r_2+\mathrm{j}x_{2\sigma}$，对于系统中的电力变压器，一般 $r_{\mathrm{m}}\gg r_2$，$x_{\mathrm{m}}\gg x_{2\sigma}$，故认为 $Z_0=Z_{\mathrm{m}}=r_{\mathrm{m}}+\mathrm{j}x_{\mathrm{m}}$。同理，变压器空载运行时的空载损耗包含铁耗与低压绕组的铜耗，但由于 $r_{\mathrm{m}}\gg r_2$，所以空载损耗认为近似等于铁心损耗，即 $P_{\mathrm{Fe}}\approx P_0$。通过上述分析，则励磁阻抗、励磁电阻与电抗计算为

$$\left.\begin{aligned} Z_{\mathrm{m}} &= \frac{U_1}{I_0} \\ r_{\mathrm{m}} &= \frac{P_0}{I_0^2} \\ x_{\mathrm{m}} &= \sqrt{z_{\mathrm{m}}^2 - r_{\mathrm{m}}^2} \end{aligned}\right\} \tag{1-36}$$

注意：变压器励磁参数随饱和程度而变化，由于变压器总是在额定电压或接近额定电压的情况下运行，只有这样，变压器的参数才能真实反映变压器运行时的磁路饱和情况。上述公式计算所得参数为低压绕组的值，如需要折算到高压侧，应将计算出来的上述参数乘以 k^2。

同时，我们将变压器在低压侧、高压侧分别作空载试验时对应三块表的数据进行一个对比，且以电源电压加到各绕组额定电压进行比较。很容易理解，由于高压侧的额定电压是低压侧额定电压的 k 倍，则高压侧空载电流为低电压侧空载电流的 $1/k$ 倍，则高压侧的空载损耗为

$$P_{10}=I_{10}^2 r_{1\mathrm{m}}=\left(\frac{1}{k}I_{20}\right)^2 r_{2\mathrm{m}}\times k^2=I_{20}^2 r_{2\mathrm{m}}=P_{20}$$

即在高压侧做空载试验和在低压侧做空载试验，其测量的空载损耗相等。

另外，通过空载试验数据，还可以判断变压器的内部故障。如：若变压器出现匝间短路，空载电流会很大；若铁心叠片绝缘受损，则空载损耗会很大等。

二、变压器的短路试验

1. 试验目的

通过测量短路时所加短路电压 U_{k}、短路电流 I_{k} 及短路损耗 P_{k} 来求取变压器的短路阻抗。

2. 试验接线与步骤

按图 1-27 接线，从原理上讲，变压器的短路试验同样既可以在高压侧做，也可以在低压侧做，考虑到低压侧短路电流大，电流表选取困难，通常在高压侧加上很低的电源电压，低压侧短路。在高压侧进行试验时，则测量的数据为高压侧的值，由此计算的短路阻抗也为高压侧的值。

图中电流表Ⓐ、电压表(V_1)和功率表Ⓦ分别用来测量高压侧的短路电流、短路电压

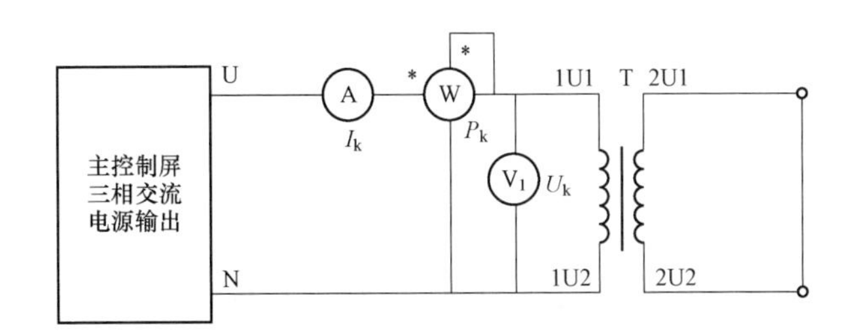

图 1-27　变压器的短路试验接线图

和短路损耗。

其主要操作步骤为：

1）断开三相交流电源，将调压器旋钮逆时针方向旋转到底，即使输出电压为零。

2）合上交流电源空气开关，同时按下绿色“闭合”按钮，缓慢地调节调压器旋钮，监视短路电流，使变压器短路电流达到高压侧额定电流，然后测取变压器的短路电压 U_k 和短路损耗 P_k，并记录实验时周围环境温度 θ(℃)。

3. 短路阻抗的计算

从变压器的 T 形等效电路图可知，变压器短路时的总阻抗为 $Z_k = Z_1 + Z_m // Z_2'$，由于 $Z_2' \ll Z_m$，使得 $Z_m // Z_2' \approx Z_2'$，故认为 $Z_k = Z_1 + Z_2'$；同理，变压器短路时的损耗包含铁耗与高、低压绕组的铜耗，但由于 $Z_2' \ll Z_m$，使得励磁阻抗上的分流非常小，也即铁耗很小，所以短路损耗认为近似等于铜耗，即 $P_k \approx P_{Cu}$。通过上述分析，则短路阻抗、短路电阻与电抗的计算为

$$\left.\begin{aligned} Z_k &= \frac{U_k}{I_k} \\ r_k &= \frac{P_k}{I_k^2} \\ x_k &= \sqrt{z_k^2 - r_k^2} \end{aligned}\right\} \tag{1-37}$$

由于绕组的电阻值随温度而变化，因此短路试验测得的短路电阻须换算到热态温度。按照国标规定，需将其换算到 75℃时的值。

$$\left.\begin{aligned} &\text{对于铜线，换算公式为：} \quad r_{k(75℃)} = \frac{235+75}{235+\theta} r_k \\ &\text{对于铝线，换算公式为：} \quad r_{k(75℃)} = \frac{228+75}{228+\theta} r_k \end{aligned}\right\} \tag{1-38}$$

温度折算后的短路阻抗为

$$z_{k(75℃)} = \sqrt{r_{k(75℃)}^2 + x_k^2} \tag{1-39}$$

式中，θ 为环境温度；r_k 为环境温度 θ 下对应的短路电阻；$r_{k(75℃)}$ 为 75℃的短路电阻；

$Z_{k(75℃)}$为 75℃的短路电抗。

对 T 形等效电路，可认为
$$\left.\begin{aligned} r_1 = r_2' = \frac{1}{2}r_k \\ x_{1\sigma} = x_{2\sigma}' = \frac{1}{2}x_k \end{aligned}\right\} \tag{1-40}$$

上述计算所得参数为高压绕组对应的值，如需要折算到低压侧，应将计算出来的上述参数除以 K^2。

同样，将变压器在低压侧、高压侧作短路试验时对应三块表数据的大小进行一个比较，且以短路电流等与各绕组额定电流进行比较。很容易理解，由于高压侧的额定电流是低压侧额定电流的 $1/K$ 倍，则高压侧的短路电压为低电压侧短路电压的 k 倍，高压侧的短路损耗为：

$P_{1k}=I_{1N}^2 r_{1k}=\left(\frac{1}{k}I_{2N}\right)^2 r_{2k}\times k^2=I_{2N}^2 r_{2k}=P_{2k}$，即说明在高压侧做短路试验和在低压侧做短路试验，其测量的短路损耗相等。

并且把短路电流到达额定电流时的铜耗，称之为额定短路损耗，用 P_{kN} 表示，其大小为 $P_{kN}=I_{1N}^2 r_{k(75℃)}$，相应地，短路电流 $I_k \neq I_{1N}$ 时的短路损耗用 P_k 表示，短路损耗 P_k 与额定短路损耗 P_{kN} 的关系为：

$$P_k = I_k^2 r_{k(75℃)} = I_k^2 \times \frac{I_{1N}^2}{I_{1N}^2} r_{k(75℃)} = \beta^2 P_{kN} \tag{1-41}$$

4. 短路电压

在做短路试验时，调节电源电压使短路电流恰好等于高压侧的额定电流，对应的短路电压称为额定短路电压，用 U_{kN} 表示，即 $U_{kN}=I_{1N}Z_{k(75℃)}$。它是一个重要参数，标注在变压器铭牌上。通常有两种表达方式：一种以百分数的形式体现，称为短路电压百分数 $U_k\%$，即：

$$u_k\% = \frac{U_{kN}}{U_{1N}} = \frac{I_{1N} z_{k(75℃)}}{U_{1N}} \times 100\% \tag{1-42}$$

有时还需标出它的短路电压有功分量和无功分量百分数，而短路电压的有功分量，即为短路电阻上的压降；短路电压的无功分量，即为短路电抗上的压降，则有：

短路电压有功分量

$$u_{kr}\% = \frac{I_{1N} r_{k(75℃)}}{U_{1N}} \times 100\% \tag{1-43}$$

短路电压无功分量

$$u_{kx}\% = \frac{I_{1N} x_k}{U_{1N}} \times 100\% \tag{1-44}$$

另外一种表达形式用标幺值表示，即

$$u_k^* = \frac{I_{1N}Z_{k(75℃)}}{U_{1N}} = \frac{Z_{k(75℃)}}{U_{1N}/I_{1N}} = \frac{Z_{k(75℃)}}{Z_{1N}} = Z_k^* \tag{1-45}$$

由此可见，短路电压的标幺值与短路阻抗的标幺值相等。

同理短路电压有功分量标幺值为：

$$u_{kr}^* = \frac{I_{1N}r_{k(75℃)}}{U_{1N}} = \frac{r_{k(75℃)}}{U_{1N}/I_{1N}} = \frac{r_{k(75℃)}}{Z_{1N}} = r_{k(75℃)}^* \tag{1-46}$$

即短路电压有功分量的标幺值与短路电阻的标幺值相等。

同时短路电阻的标幺值与额定短路损耗的标幺值相等，即

$$r_{k(75℃)}^* = \frac{r_{k(75℃)}}{Z_{1N}} = \frac{r_{k(75℃)}I_{1N}}{U_{1N}} \times \frac{I_{1N}}{I_{1N}} = \frac{P_{kN}}{S_N} = P_{kN}^* \tag{1-47}$$

而短路电压无功分量标幺值为

$$u_{kx}^* = \frac{I_{1N}x_k}{U_{1N}} = \frac{x_k}{U_{1N}/I_{1N}} = \frac{x_k}{Z_{1N}} = x_k^* \tag{1-48}$$

也即短路电压无功分量的标幺值与短路阻抗的标幺值相等。

通过分析可知，短路电压是变压器的重要参数，因其大小反映了短路阻抗的大小，而短路阻抗直接影响变压器的运行性能。正常运行时从限制二次端电压波动的角度，希望它小，而从限制短路电流的角度，却希望它大。一般中、小型电力变压器，$u_k\%=4\%\sim10.5\%$，而大型变压器为$12.5\%\sim17.5\%$。

【例1-2】 一台三相变压器$S_N=31\ 500\text{kVA}$，$U_{1N}/U_{2N}=110/10.5\text{kV}$，$f_z=50\text{Hz}$，Yd接线，空载试验（低压侧）测得数据如下：$U_0=10.5\text{kV}$，$I_0=46.76\text{A}$，$P_0=86\text{kW}$，短路试验（高压侧）测得数据如下：$U_k=8.29\text{kV}$，$I_k=165\text{A}$，$P_k=198\text{kW}$。试求：折算至变压器高压侧等效电路参数和标幺值。

解：（1）高压侧的相电压为$U_{1NP}=\dfrac{110\times10^3}{\sqrt{3}}=63.51(\text{kV})$

高压侧的相电流为$I_{1NP}=I_{1Nl}=\dfrac{31\ 500}{\sqrt{3}\times110}=165(\text{A})$

低压侧的相电压为$U_{2NP}=U_{2Nl}=10.5(\text{kV})$

低压侧的线电流为$I_{2Nl}=\dfrac{31\ 500}{\sqrt{3}\times10.5}=1732(\text{A})$

低压侧的相电流为$I_{2NP}=\dfrac{I_{2N}}{\sqrt{3}}=\dfrac{1732}{\sqrt{3}}=1000(\text{A})$

（2）空载相电流为$I_{20P}=\dfrac{46.76}{\sqrt{3}}=27(\text{A})$

励磁电阻$r_m=\dfrac{P_0}{3I_{20P}^2}=\dfrac{86\times10^3}{3\times27^2}=39.32(\Omega)$

励磁阻抗 $Z_m=\frac{U_{2NP}}{I_{20P}}=\frac{10.5\times10^3}{27}=388.9(\Omega)$

励磁电抗 $x_m=\sqrt{Z_m^2-r_m^2}=\sqrt{388.9^2-39.32^2}=386.9(\Omega)$

（3）归算到高压侧的值为：变比 $k=63.51/10.5=6.05$

$$Z'_m=k^2Z_m=6.05^2\times388.9=14\ 234.7(\Omega)$$

$$r'_m=k^2r_m=6.05^2\times39.32=1439.2(\Omega)$$

$$x'_m=k^2x_m=6.05^2\times386.9=14\ 161.5(\Omega)$$

（4）低压侧阻抗基值为 $Z_{2N}=\frac{U_{2NP}}{I_{2NP}}=\frac{10.5\times10^3}{1000}=10.5$

高压侧阻抗基值为 $Z_{1N}=\frac{U_{1NP}}{I_{1NP}}=\frac{63.51\times10^3}{165}=384.9(\Omega)$

励磁阻抗的标幺值为 $Z_m^*=\frac{Z_m}{Z_{2N}}=\frac{388.9}{10.5}=37$

励磁电阻的标幺值为 $r_m^*=\frac{r_m}{Z_{2N}}=\frac{39.32}{10.5}=3.74$

励磁电抗的标幺值为 $x_m^*=\frac{x_m}{Z_{2N}}=\frac{386.9}{10.5}=36.85$

（5）短路阻抗 $Z_k=\frac{U_k}{\sqrt{3}I_k}=\frac{8.29\times10^3}{\sqrt{3}\times165}=29(\Omega)$

短路电阻 $r_k=\frac{P_k}{3I_k^2}=\frac{198\times10^3}{3\times165^2}=2.42(\Omega)$

短路电抗 $x_k=\sqrt{Z_k^2-r_k^2}=\sqrt{29^2-2.42^2}=28.89(\Omega)$

则 $r_1=r'_2=1.21(\Omega)$；$x_1=x'_2=14.445(\Omega)$

短路阻抗标幺值 $Z_k^*=\frac{Z_k}{Z_{1N}}=\frac{29}{384.9}=0.075$

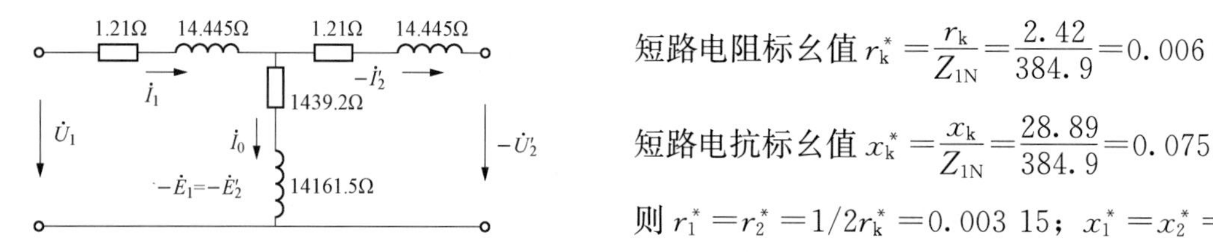

图 1-28　变压器参数折算到高压侧的等效电路图

短路电阻标幺值 $r_k^*=\frac{r_k}{Z_{1N}}=\frac{2.42}{384.9}=0.006\ 3$

短路电抗标幺值 $x_k^*=\frac{x_k}{Z_{1N}}=\frac{28.89}{384.9}=0.075$

则 $r_1^*=r_2^*=1/2r_k^*=0.003\ 15$；$x_1^*=x_2^*=1/2x_k^*=0.037\ 5$。

其等效电路如图 1-28 所示。

习题

1. 为什么变压器的空载试验电压表要并联在电流表前面？

2. 为什么变压器的短路试验电压表要并联在电流表后面？

3. 为什么变压器空载损耗可近似看成铁损耗，短路损耗可近似看成铜损耗？

4. 为什么变压器分别在一、二次侧做空载试验，短路试验的空载损耗与短路损耗都相等？

5. 分别画出变压器空载试验与短路试验的电气接线原理图。

6. 短路电压百分数对变压器的运行有什么影响？

7. 一台三相变压器，$S_N=100\text{kVA}$，$U_{1N}/U_{2N}=6/0.4\text{kV}$，$f_N=50\text{Hz}$，Yy接线。

空载试验（低压侧）$U_{1N}=400\text{V}$，$I_0=9.37\text{A}$，$P_0=616\text{W}$

短路试验（高压侧）$U_k=48\text{V}$，$I_k=9.62\text{A}$，$P_k=1920\text{W}$

试求：折算至高压侧的近似等效电路各参数和标幺值。

任务5　变压器的运行特性

变压器的运行特性，包括外特性和效率特性，其通过电压变化率和传输效率来体现。电压变化率是指变压器的二次侧电压随负载大小变化的关系，反映了变压器运行时供电质量性能；而传输效率是指效率与负载系数之间的关系，反映了变压器运行时的经济性能。

所谓负载系数，是指变压器所带负载的实际电流与额定电流之比，也即电流的标幺值，用β表示，其大小为

$$\beta=I_2^*=\frac{I_2}{I_{2N}}=\frac{I_2U_{2N}}{I_{2N}U_{2N}}\approx\frac{I_2U_2}{I_{2N}U_{2N}}=\frac{S}{S_N}$$

一、电压变化率和外特性

1. 电压变化率

(1) 电压变化率的定义

变压器一次侧接上交变的额定电压，二次侧空载电压（U_{20}）和二次侧接上一定性质负载时的实际电压（U_2）之差，与二次侧额定电压（U_{2N}）的比值，即

$$\Delta U=\frac{U_{20}-U_2}{U_{2N}}=\frac{U_{2N}-U_2}{U_{2N}}=1-U_2^* \tag{1-49}$$

电压变化率的大小反映了变压器供电电压的稳定性，是运行性能的重要指标之一，其大小约为二次绕组额定电压的5%～8%。

(2) 用参数表达的电压变化率计算公式

变压器电压变化率可根据变压器的简化相量图求取，如图1-29所示，在简化电路图对应的相量图中，为了分析方便，延长二次侧电压的相量OB，并从A点作OB的垂线，

交点为 F，同时过短路电阻电压的相量 C 点作 BF 的平行线，与 AF 的延长线相交为 D，过 C 点作 BF 的垂线，交点为 E。如果各物理量都用标幺值来表示，则 $U_{N1}^{*}=U_{N2}^{*}=1$，即图中线段 OA 的长度为 1，而 OA≈OF，根据电压变化率的定义可知，用标幺值表示为：$\Delta U^{*}=\dfrac{U_{2N}^{*}-U_{2}^{*}}{U_{2N}^{*}}=\dfrac{1-U_{2}^{*}}{1}=1-U_{2}^{*}$，也即电压变化率 ΔU 的长度近似于图 1-29 中线段 BF 的长度，而 BF＝BE＋EF＝BE＋CD，结合三角函数之间的关系可知，电压变化率 ΔU 可用下式表达

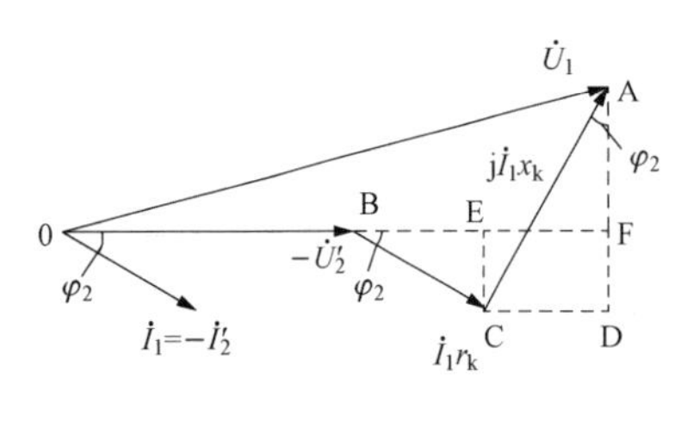

图 1-29　电压变化率的推导图

$$\Delta U\approx\beta(r_k^{*}\cos\varphi_2+x_k^{*}\sin\varphi_2) \quad (1-50)$$

式中，φ_2 为负载阻抗角，反映了负载的性质。

式（1-50）同时说明电压变化率与变压器所带负载的大小、性质有关，同时与变压器的短路阻抗标幺值的大小有关。

根据负载的性质，存在如下三种情况：

1）若负载为感性，则 $\varphi_2>0$，电压变化率 $\Delta U>0$，并且负载系数越大，ΔU 越大，说明二次绕组实际电压比额定电压低。

2）若负载为容性，则 $\varphi_2<0$，电压变化率 $\Delta U<0$，并且负载系数越大，ΔU 越小，说明二次绕组实际电压比额定电压高。

3）若负载为纯电阻性，则 $\varphi_2=0$，电压变化率 $\Delta U>0$，但相对于感性负载而言，ΔU 要比它小些。

2. 外特性

外特性是指变压器一次侧接上交变的额定电压，二次侧接上一定性质（功率因数一定）的负载，变压器二次端电压随负载电流变化而变化的关系特性，即输出电压和输出电流 $U_2=f(I_2)$ 的关系特性。

由电压变化率的分析可知，变压器带不同性质的负载，有不同的外特性。当变压器带上纯电阻性质负载时，其输出电压随输出电流增大而稍有下降；当变压器带阻感性质负载时，其输出电压随输出电流增大而下降更明显；当变压器带阻容性质负载时，一般情况下，其输出电压随输出电流增大而上升。如图 1-30 所示。

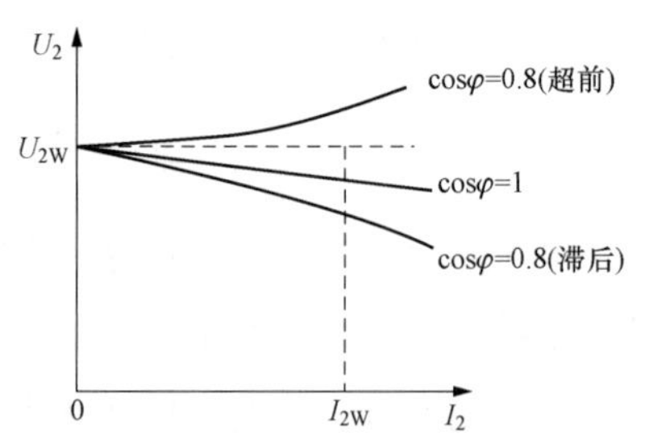

图 1-30　变压器外特性

3. 变压器调压

由变压器的外特性可知，如果变压器的电压变化率太大，那么当变压器带上负载时，二次侧电压变化会很大，会影响到用户的正常工作，此时就需

要对变压器的电压进行调压。调压通常是通过改变高压绕组的匝数来实现，原因是变压器的高压侧电流小，并且在结构上高压绕组在低压绕组外面，调节方便。改变变压器绕组匝数是通过变压器上加装的分接开关系统来实现，调压方式分为无励磁调压和有励磁调压两种，也称无载调压和有载调压。

所谓无载调压，是指调节变压器二次绕组的电压时，需断开负载电流进行调节。

所谓有载调压，是指调节变压器二次绕组的电压时，无需断开负载电流进行调节。

那么，对于升压变压器与降压变压器，如果二次电压均需提高，调压时虽然都是改变高压绕组匝数，但对绕组匝数的改变情形是否一致呢？下面通过讨论来进行分析。

1）若变压器为升压变压器，若二次电压较低，需增大二次电压。根据变比的公式 $k=\frac{N_1}{N_2}=\frac{U_1}{U_2}$ 可知，升压变压器一次侧为低压侧，二次侧为高压侧，则匝数 N_1 不变，改变电压应调节 N_2，又因为一次电源电压 U_1 不变，由此可知，要增大 U_2 必将增大 N_2，也即升压变压器要增大二次绕组电压时，需调节高压绕组的匝数，使高压绕组增多。

2）若变压器为降压变压器，若二次电压较低，需增大二次电压。根据变比的公式 $k=\frac{N_1}{N_2}=\frac{U_1}{U_2}$ 可知，降压变压器一次侧为高压侧，二次侧为低压侧，则匝数 N_2 不动，改变电压应调节 N_1，又因为一次电源电压 U_1 不变，由此可知，要增大 U_2 必将减小 N_1，也即降压变压器要增大二次绕组电压时，需调节高压绕组的匝数，使高压绕组减少。

二、损耗及效率

1. 损耗

变压器是一种能量转换装置，在能量转换的过程中必然同时存在损耗，变压器的损耗包括铁心损耗和绕组损耗两大类，每一种损耗都包括基本损耗与附加损耗。

（1）铁心损耗 P_{Fe}

铁心损耗简称铁耗，基本的铁损是由铁心中磁通交变引起的磁滞损耗与涡流损耗之和，铁耗的大小与磁感应强度 B 以及频率 f 有关，并且 $P_{\mathrm{Fe}} \propto B_{\mathrm{m}}^2 f^{1.3}$。运行中变压器一次侧的电压及频率大小基本不变，主磁通（磁密）基本不变，因而铁耗基本不变，所以铁耗又称不变损耗，即铁耗由电源电压决定。

附加的铁耗包括变压器在油箱及其他构件中产生的涡流损耗和叠片之间的局部涡流损耗等。

铁耗可由空载试验测得，空载损耗以铁耗为主，即 $P_{\mathrm{Fe}} \approx P_0$。

（2）绕组损耗

对于大型的变压器，绕组基本上由铜线绕制而成，所以绕组的损耗也称为铜耗。基本铜耗是由于电流流过绕组电阻引起的，与流过的电流大小有关，即 $P_{Cu}=I_1^2 r_k$。运行中电流随时在变化，所以铜耗又称可变损耗，也即铜耗由电流决定。

附加的铜耗主要是由于漏磁场引起的集肤效应使得导线有效电阻增大而增加的铜耗和多股并绕导线的内部环流损耗等。

铜耗可由短路试验测得，短路损耗以铜耗为主，即

$$P_{Cu}=I_1^2 r_k=\left(\frac{I_1}{I_{1N}}I_{1N}\right)^2 r_k=\beta^2 P_{kN} \tag{1-51}$$

式中，P_{kN}表示短路电流为额定电流时的短路损耗。

所以，变压器的总损耗为

$$\Sigma P=P_{Fe}+P_{Cu} \tag{1-52}$$

2. 变压器的传输效率

所谓传输效率，是指变压器的输出功率与输入功率之比，效率是反映了变压器运行的经济性指标。输出功率与输入功率的关系可由变压器的T形等效电路图得出结论（见图1-31）。很明显，变压器的输入功率减去铜耗与铁耗就是输出功率。

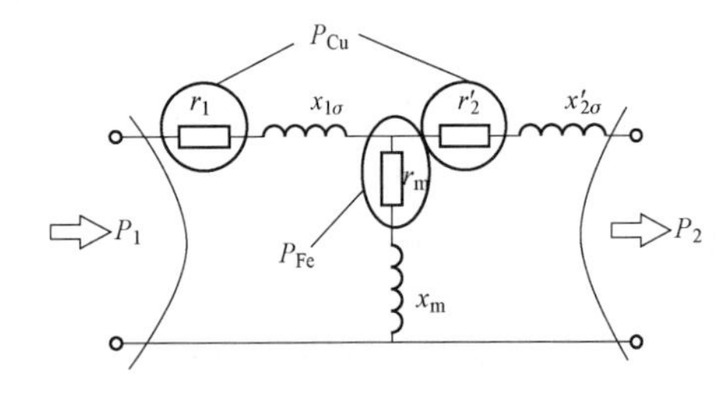

图1-31　输入功率与输出功率关系图

故变压器的效率计算式为

$$\eta=\frac{P_2}{P_1}\times 100\%=\frac{P_1-\Sigma P}{P_1}\times 100\%=\left(1-\frac{P_0+\beta^2 P_{kN}}{\beta S_N\cos\varphi_2+P_0+\beta^2 P_{kN}}\right)\times 100\% \tag{1-53}$$

式（1-53）表明，由于空载损耗与额定短路损耗为常数，所以，效率与负载的大小和负载的性质有关。当变压器带上一定性质的负载（$\cos\varphi=C$）时，传输效率的大小只与变压器的负载系数β有关，而负载系数是变化的，所以传输效率η与负载系数β的关系为一条曲线，如图1-32所示。图中有个最高点，说明当负载系数到达某值时，变压器可以达到最高效率。为求得最大效率，令$\frac{d\eta}{d\beta}=0$，求得极值的条件为：

$$\beta=\beta_m=\sqrt{\frac{P_0}{P_{kN}}} \tag{1-54}$$

即铜耗等于铁耗$P_0=\beta^2 P_{kN}$时，出现最大效率，一般情况$\beta_m=0.5\sim0.6$。若将最大负载系数β_m代入式（1-53），即可求出最大效率η_m，则最大效率的表达式为

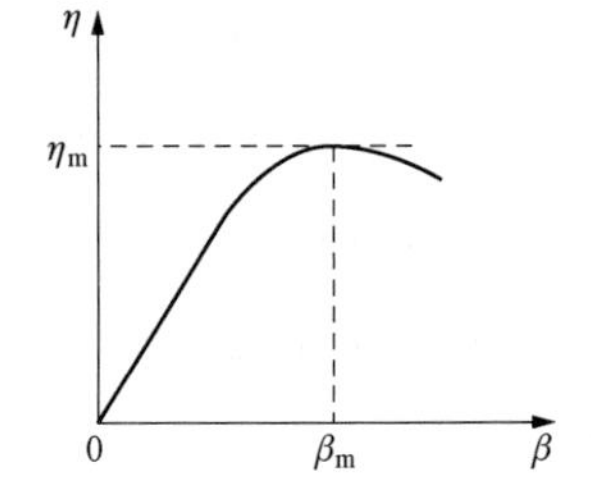

图1-32　变压器的效率与负载系数的关系曲线

$$\eta_m = \frac{\beta_m S_N \cos\varphi_2}{\beta_m S_N \cos\varphi_2 + 2P_0} \tag{1-55}$$

【例1-3】 已知一台额定容量为6300kVA的变压器，一、二次额定电压为$U_{1N}/U_{2N}=35kV/10kV$，短路电阻$r_k^*=0.025$，短路电抗$x_k^*=0.06$，空载损耗$P_0=37.8kW$，短路损耗为$P_{kN}=142.2kW$，试求：

（1）额定负载且功率因数$\cos\varphi_2=0.8$（滞后）时的二次电压及效率；

（2）$\cos\varphi_2=0.8$（滞后）时的最大效率。

解：（1）$\Delta U = \beta(r_k^* \cos\varphi + x_k^* \sin\varphi) = 1\times(0.025\times0.8+0.06\times0.6) = 0.056$

$U_2 = U_{2N}(1-\Delta U) = 10\times(1-0.056) = 9.44(kV)$

$$\eta = \left(1-\frac{P_0+\beta^2 P_{kN}}{\beta S_N\cos\varphi + P_0 + \beta^2 P_{kN}}\right)\times 100\%$$

$$= \left(1-\frac{37.8+142.2}{6300\times0.8+37.8+142.2}\right) = 96.55\%$$

（2）$\beta_m = \sqrt{\frac{P_0}{P_{kN}}} = \sqrt{\frac{37.8}{142.2}} = 0.515\ 6$

$$\eta_m = \frac{\beta_m S_N \cos\varphi_2}{\beta_m S_N\cos\varphi_2 + 2P_0} = \frac{0.515\ 6\times6300\times0.8}{0.515\ 6\times6300\times0.8+2\times37.8} = \frac{2598.6}{2674.2} = 97.2\%$$

习题

1. 为什么变压器的空载损耗称不变损耗，短路损耗又称可变损耗？

2. 变压器电源电压一定，当阻感性负载上的电流增大，一次电流如何变化？二次电压如何变化？当电压偏低时，降压变压器又如何调节匝数？

3. 变压器满载时能获得最大经济效益吗？为什么？

4. 变压器的电压变化率与哪些因素有关？从运行的角度分析电压变化率大小的利弊。

5. 一台三相变压器，$S_N=31\ 500kVA$，$U_{1N}/U_{2N}=110/10.5kV$，$f_N=50Hz$，Yd接线。

空载试验（低压侧）$U_0=10.5kV$，$I_0=46.76A$，$P_0=86kW$；

短路试验（高压侧）$U_k=8.29kV$，$I_k=165A$，$P_k=198kW$。

试求：（1）当负载为29 000kVA，$\cos\varphi_2=0.8$（滞后）时的二次端电压；

（2）额定负载，且$\cos\varphi_2=0.8$（超前）时的效率。

项目 2　三相变压器及其运行

现代电力系统均采用三相制供电体系，因而三相变压器在电力系统中得到了广泛的应用。

三相变压器对称运行时，各相电压、电流等都是对称的，其大小相等，相位差互差120°，根据对称三相电路分析法可知，可取三相中的任一相来进行分析。并且，单相变压器运行分析的结论完全适用于三相变压器对称运行时的任意一相。因此，上一个项目中关于单相变压器的基本方程、相量图、等效电路以及反映单相变压器性能数据的计算公式，对于三相变压器完全适合。本章只研究三相变压器的几个特殊问题：电路系统和磁路系统、联结组别、磁路及电路系统对相电动势波形的影响及并联运行等。接下来，我们依次讨论三相变压器的特殊性，以说明三相变压器的特点。

任务 1　三相变压器的电路磁路系统

一、三相变压器磁路系统

三相变压器的磁路系统按其铁心结构可分成：三相组式变压器和三相芯式变压器。

1. 三相组式变压器

三相组式变压器是由三个完全相同的单相变压器，在电路上按照一定的联结方式连接而形成的一台三相变压器，这种变压器也常称为变压器组，如图 2 - 1 所示。

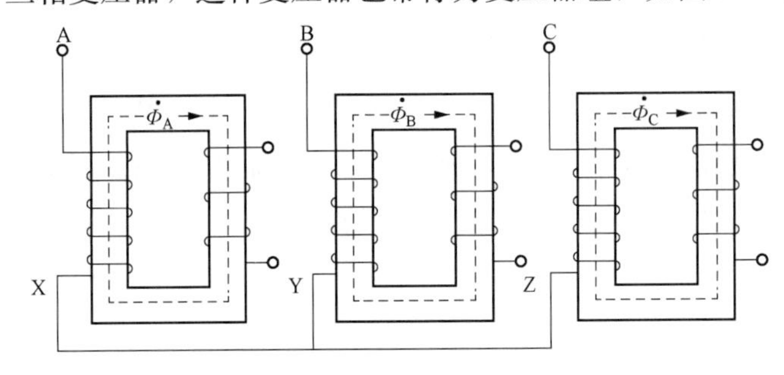

图 2 - 1　三相组式变压器磁路系统

由于各相主磁通以各自的铁心回路闭合，所以各相磁路彼此无关，磁路独立。并且各相磁路的磁阻相等，当一次绕组外施加三相对称电压，则三相主磁通对称，由于三相磁路对称，故三相空载电流对称。

2. 三相芯式变压器

芯式变压器由组式变压器演变而来，如图 2 - 2 所示。

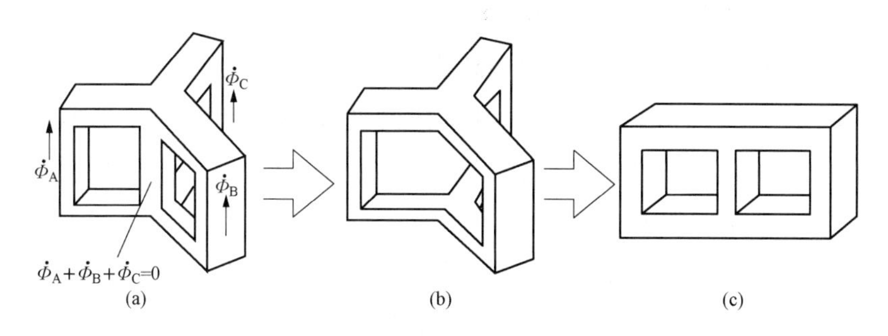

图 2 - 2　三相组式变压器演变为三相芯式变压器的过程图

若将三台单相变压器的铁心握在一起，即 2 - 2（a）所示，由磁路的基尔霍夫第一定律可知，图 2 - 2（a）中间芯柱的磁通为三相磁通之和，而组式变压器的三相磁通之和恒等于零，即 $\dot{\Phi}_A+\dot{\Phi}_B+\dot{\Phi}_C=0$，也即中间芯柱没有磁通通过，因此为了节省材料，则有了图 2 - 2（b），图 2 - 2（b）是多面立体形状，生产不方便，为了方便生产就做成图 2 - 2（c）的平面结构，通常称为三相三芯柱变压器，这就是三相芯式变压器的结构演变由来。

很显然，三相芯式变压器具有如下两个特点：

1）每一相的主磁通需借助另外两相磁路闭合，所以各相磁路彼此关联，磁路不独立。

2）一次侧接上三相对称电压时，则三相主磁通对称，由于三相磁路不对称，故三相空载电流不对称，一般取三相空载电流的平均值作为分析计算用。

三相芯式变压器的空载电流不对称，那 A、B、C 三相空载电流大小关系如何呢？

我们可以结合磁路的路径和磁路的欧姆定律来进行分析。从磁路路径而言，B 相的磁路最短，A 相与 C 相的磁路路径一样，且比 B 相长，所以三相磁阻不等，即 $R_{Am}=R_{Cm}>R_{Bm}$。根据磁路的欧姆定律 $\Phi R_m=I_0 N$ 可知，由于 ABC 三相匝数 N 和三相磁通 Φ 是定值，所以 A、C 相空载电流相等且大于 B 相空载电流，即 B 相空载电流最小。虽然芯式变压器三相空载电流不对称，但由于空载电流的占比很小，当变压器负载运行时，空载电流的影响不大，我们仍然认为三相电流基本上是对称的。

接下来，我们对三相组式变压器和三相芯式变压器进行一个比较。

三相组式变压器 { 优点：便于运输，磁路对称
缺点：费材料，占地面积大 }

三相芯式变压器 { 优点：耗材少、效率高、占地面积小，维护简单
缺点：磁路不对称，运输不方便 }

很明显，三相组式变压器的优点取反即为三相芯式变压器的缺点，而三相组式变压器的缺点取反则为三相芯式变压器的优点。

因三相芯式变压器具有耗材少、效率高等优点而被广泛应用。

在电力系统当中，通常是采取三相三柱式变压器，但当变压器额定容量 $S>$ 100MVA 时，若采取三相三芯柱式，则结构太高，运输困难，为了降低高度，通常在两侧加上旁轭铁心，称为三相五柱式铁心。

绕组套在中间的三个铁心柱上，两侧旁铁轭作为分支磁路。对于特大容量的变压器采用三相组式变压器，其优点是便于运输、备用容量少等。

二、三相变压器电路系统

1. 绕组的联结方式

三相变压器常见的联结方式有两种。

1）星形联结（Y）：将同一侧的三相绕组的三个末端拧成一点，即为中性点，三个首端通过套管引出油箱。

若高压绕组接成星形，用大写的“Y”表示；若低压绕组接成星形，用小写的“y”表示。

2）三角形联结（△）：将同一侧的一相绕组的首端与另一相绕组的末端相连，先依次接成一个闭合回路，然后再将三个首端（接点）通过套管引出。

若高压绕组接成三角形，用大写的“D”表示；若低压绕组接成三角形，用小写的“d”表示。

例如，一台三相变压器，高压绕组接成星形，低压绕组接成三角形，则表示为“Yd”。

2. 变压器的首尾端标记

三相变压器的电路连接比单相变压器复杂得多，而变压器同一侧的三相绕组之间以及一、二次侧的绕组之间都存在电磁联系，绕组是一个有极性的绕组，因此其首尾端应标注字符加以区分，以方便电路的连接。

在我国，通常所说的三相是指 ABC 三相，即首端字符用 ABC 表示，末端字符则用 XYZ 表示。那么如何区分高中低三个电压等级呢？通常高压侧：用大写字母表示；中压侧：用大写字母加下标 m 表示；低压侧：用小写字母表示，如表 2 - 1 所示。

表 2-1　　变压器首末端标记

绕组名称	单相变压器		三相变压器		
	首端	末端	首端	末端	中性点
高压绕组	A	X	A、B、C	X、Y、Z	N
中压绕组	A_m	X_m	A_m、B_m、C_m	X_m、Y_m、Z_m	N_m
低压绕组	a	x	a、b、c	X、y、x	n

A、B、C 三相是我国三相绕组的命名，国际上通常所说的三相是指 U、V、W 三相，而三相的首端分别加下标 1，即用 U_1、V_1、W_1字符表示，对应三相的末端加下标 2 即用 U_2、V_2、W_2字符表示。

那世界各国是如何来区分高压侧与低压侧绕组呢？

1）若为双绕组变压器，高压侧在 U、V、W 字符前加数字 1，低压侧在 U、V、W 字符前加数字 2；

2）若为三绕组变压器，高压侧在 U、V、W 字符前加数字 1，低压侧在 U、V、W 字符前加数字 3，中压侧在 U、V、W 字符前加数字 2，如表 2-2 所示。

表 2-2　　三相三绕组变压器通用首尾端与高低压侧的表示法

绕组名称	三相变压器	
	首端	末端
高压绕组	$1U_1$ $1V_1$ $1W_1$	$1U_2$ $1V_2$ $1W_2$
中压绕组	$2U_1$ $2V_1$ $2W_1$	$2U_2$ $2V_2 2W_2$
低压绕组	$3U_1$ $3V_1$ $3W_1$	$3U_2$ $3V_2$ $3W_2$

习题

1. 试比较三相芯式变压器与三相组式变压器的优缺点。

2. 在测取三相芯式变压器空载电流时，为什么中间相电流小于两边相电流？

任务 2　三相变压器的联结组别

联结组别包含了两重含义：绕组的联结方式及高、低压侧对应的电动势（电压）相位关系。高、低对应的相位不同对用电设备的运行有不同的影响。

一、绕组的极性

绕组的极性也称同名端，其定义有如下两个，前者方便对概念的理解，后者方便对同名端的判断。

定义 A：具有磁耦合的两个（或两个以上）绕组，如果一个线圈的一个端钮与另一线圈的一个端钮在同一时刻具有相同的极性，那么这两个端钮称为同极性端，简称为同名端，用“*”表示。

定义 B：具有磁耦合的两个（或两个以上）绕组，如果一个线圈的自感与另一线圈所产生的互感方向相同，则两个线圈电流的流入端，称为同名端，也称为同极性端。

结合该定义，我们对同名端进行判断时，先假设一个线圈电流的流入方向，根据电流方向，结合右手螺旋定律判断该线圈的自感磁通，该自感磁通方向也是另一个线圈对该线圈的互感磁通方向，事实上也可认为是另一个线圈的自感磁通方向，再根据右手螺旋定律判断电流的方向，则两个线圈电流的流入端为同名端。

而具有磁耦合的两个绕组，它们的首端是否为同极性端，与绕组的绕向有关，分两组情况。

1. 绕向相同

如图 2-3（a）所示，根据同名端的判定可知，高压侧首端 A 与低压侧首端 a 为同名端，末端与末端也是同名端。

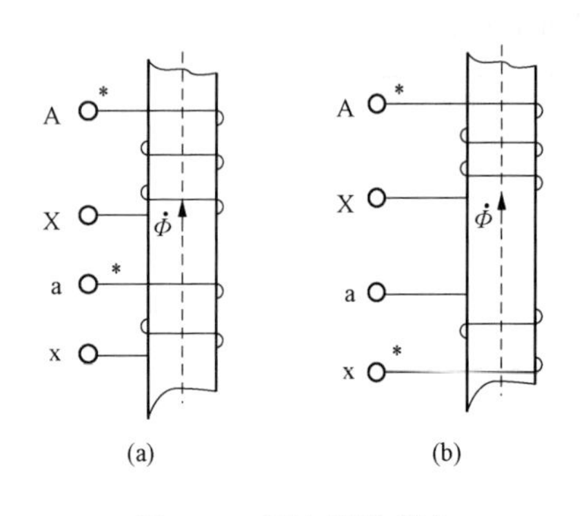

图 2-3　同名端的判定

（a）高低压侧绕向相同；（b）高低压侧绕向相反

2. 绕向相反

如图 2-3（b）所示，根据同名端的判断可知，高压侧首端 A 与低压侧末端 x 为同名端。

一般情况下，变压器绕向是看不见的，所以反过来也可以这样认为：

1）两线圈首端与首端为同名端，则绕向相同；

2）两线圈首端与首端为异名端，则绕向相反。

二、单相变压器的联结组别

联结组别的判定，主要是判定组别号，通常用时钟判别法来进行判定。组别号的判定通常是在相量图中比较高、低压侧电动势（若为三相变压器，是指线电动势）的相位差，并且该相位差为 30°的整数倍，正好符合时钟的整钟点数。

1. 时钟表示法

工程上通常采用时钟表示法来判定，即将高压侧电动势的相量作为时钟的分针，固定在时钟的“12”点处，低压绕组电动势的相量作为时钟的时针，其所指整钟点数就是组别号，即表达了高压电动势超前对应低压侧电动势的相位角是：整点数×30°。

2. 首端为同极性组别号的判定

当高、低压绕组首端同极性时，A点与a点同时为高电位或低电位，即 $\dot{E}_{AX}$与 $\dot{E}_{ax}$同相，双下标“AX”表示电动势的参考方向是由A指向X，如图2-4（a）所示。因高低压侧电动势的相位差为0°，故组别号为0，其联结组别表示为I，I0。

3. 首端为异极性组别号的判定

当高、低压绕组首端异极性时，若A点为高电位时，则a点必为低电位，即 $\dot{E}_{AX}$与 $\dot{E}_{ax}$反相，如图2-4（b）所示，因高、低压侧电动势的相位差为180°，故组别号为6，其联结组别表示为I，I6。

总之，对于单相变压器，它们的电动势的相量关系为：若首端与首端同名端，则高、低压侧电动势同相；若首端与首端异名端，则高、低压侧电动势反相，单相变压器的这一结论，适合于三相变压器中的任何一相的电动势的判定。

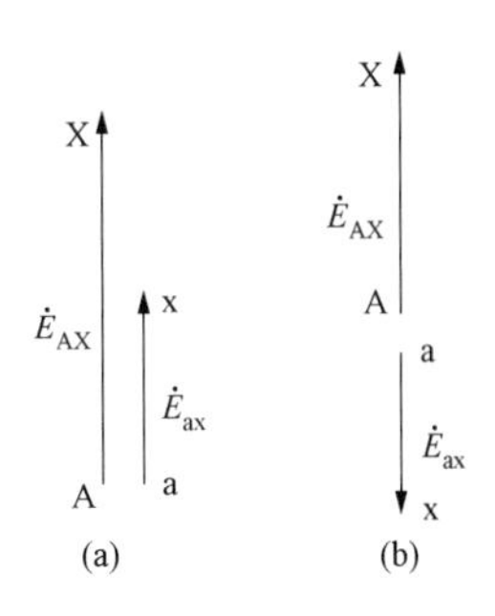

图2-4　相量图

（a）绕向相同的相量图；

（b）绕向相反的相量图

三、三相变压器的联结组别

那如何利用时钟判别法来判断三相变压器的组别呢？

由于变压器正常运行时属于对称运行，我们只需比较高压侧线电动势 $\dot{E}_{AB}$与低压侧线电动势 $\dot{E}_{ab}$的相位差。为了便于比较，且与时钟法相符，通常在相量图中将A与a两点重合，相当于时钟的时针与分针同轴运转。同时高压侧线电动势 $\dot{E}_{AB}$相量固定于垂直位置，作为时钟整钟点数的分针，而低压侧对应线电动势 $\dot{E}_{ab}$的相量作为时钟的时针，从而根据两者间的相位差得出三相变压器的联结组别。

为了更好地理解，下面我们分别以Yy联结和Yd联结为例，说明如何作相量图来判定联结组别。

1. Yy联结

（1）高、低压侧首端为同名端

图2-5（a）为三相变压器的联结方式，首先作出高压侧的相量图。根据电源电动势的对称性，先作一个等边三角形，并找出等边三角形的重心点，重心点到三角形各顶点的连线即为对应相电动势，等边三角形的三条边为线电动势，如图2-5（b）所示三角形ABC，这种几何关系正好符合星形联结电路中线电动势等于相电动势$\sqrt{3}$倍的关系。相电动势方向均指向重心点，线电动势方向分别按照字母的顺序，如 $\dot{E}_{AB}$的方向即由A点指向B。

只要高压侧是星形联结，那这个等边三角形是固定不变的，为了对应于时钟法，通常把三角形的 AB 边置于垂直位置，即代表时钟的分针。

高压侧的相量图作完之后，接下来再作低压侧的相量图，低压侧必先作 a 相电动势的相量。注意：图 2-5（a）中上下对齐的高、低压侧的两个线圈一定是同一芯柱上的两个线圈，而同一芯柱的高低压相电动势要么同相，要么反相。

判定标准为：

1）首端与首端为同名端，则高、低压相电动势同相；

2）首端与首端为异名端，则高、低压相电动势反相。

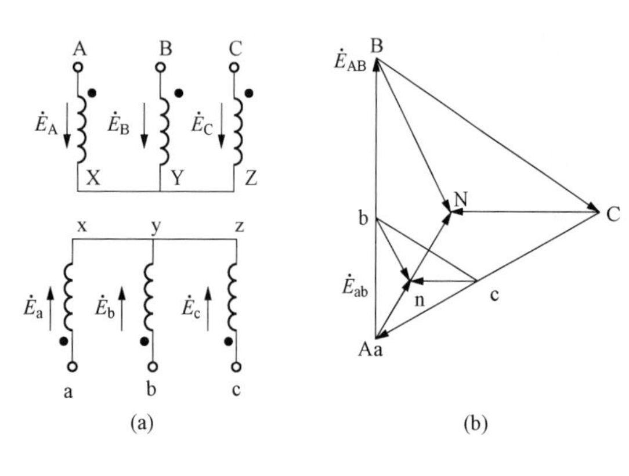

图 2-5　Yy 联结及其相量图

（a）高低压侧联结方式；（b）相量图

结合接线图 2-5（a）的同名端标志可知：低压侧的 a 相与高压侧的 A 相相电动势同相，同理低压侧的 b、c 两相与高压侧的 B、C 两相的相电动势同相。

为了方便比较，首先将 a 与 A 重合，过 a 点作高压侧 A 相的平行线，方向与它一致，很明显，低压侧与高压侧 A 相相电动势相量是重合的，中性点 n 落在 AN 上，接下来作 B、C 两相的相量图就应该从低压则的中性点 n 作对应高压侧的平行线，如作低压侧 b 相时，需过 n 点作高压侧 B 相的平行线且方向一致，b 点一定落在 AB 上，c 相也是如此。总之，只要低压侧是星形联结，则 a 相相量图应从 A 点作出，b、c 两相应从中性点 n 作出。

低压侧的相电动势作完后，将 a、b、c 三个顶点连接起来，也得到一个等边三角形，比较高压侧线电动势 $\dot{E}_{AB}$ 和低压侧线电动势 $\dot{E}_{ab}$ 的相位差，将相位差除以 30°即为该绕组的组别号。很明显，该联结方式的相位差为 0°，即联结组别为 Yy0。

在图 2-5（a）的基础上，如果高压绕组不动，低压绕组 a、b、c 三相分别向右移动一相，如图 2-6（a）所示，此时低压侧 c 相与高压侧 A 相在同一芯柱上，由于首端与首端同名端，即低压侧 c 相电动势与高压侧 A 相电动势同相，低压侧 a

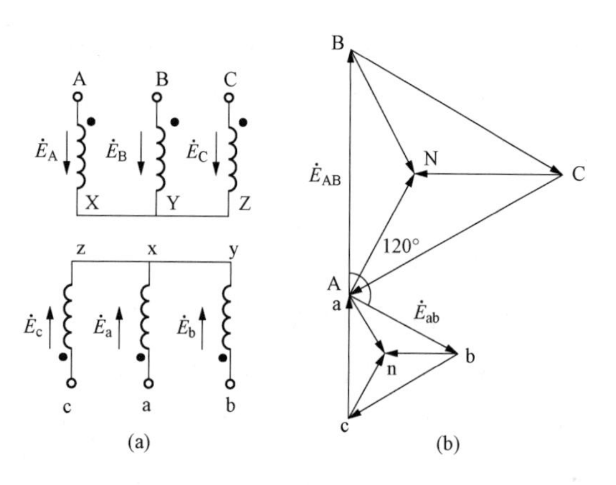

图 2-6　Yy 联结及其相量图

（a）高低压侧联结方式；（b）相量图

相与高压侧B相相电动势同相，低压侧b相与高压侧C相相电动势同相。此时高压侧三角形同前所述，低压侧相量图如图2-6（b）所示：将A与a重合，过a点作高压侧B相平行线且方向一致，即为低压侧a相的相量图。

接下来过重心n点作高压侧C相的平行线且方向一致，即为低压侧b相的相量图，过重心n点作高压侧A相的平行线且方向一致，即为低压侧c相的相量图。连接a、b、c构成一个等边三角形，比较高压侧线电动势 $\dot{E}_{AB}$和低压侧线电动势 $\dot{E}_{ab}$的相位差为120°，将相位差除30°即为该绕组的组别号，即三相变压器的联结组别为Yy4。

在图2-6（a）的基础上，将低压绕组a、b、c三相再次向右移动一相，如图2-7（a）所示，此时低压侧b相与高压侧A相在同一芯柱上，由于首端与首端同名端，即低压侧b相电动势与高压侧A相电动势同相，同理低压侧c相与高压侧B相相电动势同相，低压侧a相与高压侧C相相电动势同相。同样地，高压侧三角形不变，低压侧相量图如图2-7（b）所示。

1）A与a重合，过a点作高压侧C相平行线且方向一致，即为a相相量；

2）过重心n点作高压侧A相的平行线且方向一致，即为b相相量；

3）过重心n点作高压侧B相的平行线且方向一致，即为c相相量。将a、b、c联结起来即为低压侧线电动势。依据相量图可知，高压侧线电动势 $\dot{E}_{AB}$和低压侧线电动势 $\dot{E}_{ab}$夹角为240°，即三相变压器的联结组别为Yy8。

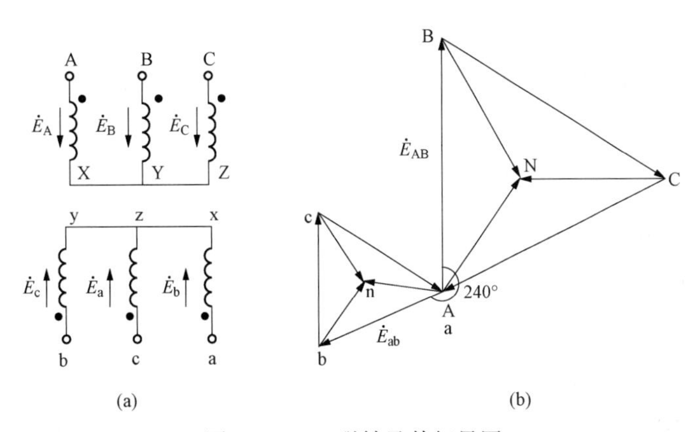

图2-7 Yy联结及其相量图

（a）高低压侧联结方式；（b）相量图

（2）高、低压侧首端为异名端

与前不同的是，高低压两侧首端不再是同名端，而是异名端。如图2-8（a）所示，从接线图可以看出，高压侧A相与低压侧a相在同一芯柱上，且首端为异名端，说明高压侧A相与低压侧a相相电动势反相，其他两相一样，首先高压侧相量图依旧不变，根据高压侧的相电动势就可以作出对应低压侧的相电动势，同样地，首先将a

与 A 重合，过 a 点作一次侧 A 相的平行线，但方向相反，其他两相一样，作图过程这里不再重述，相电动势作完后，将 a、b、c 三点联结起来，从相量图可知，高、低压侧线电动势反相，夹角为 180°，相量图如图 2-8（b）所示，即三相变压器的联结组别为 Yy6。

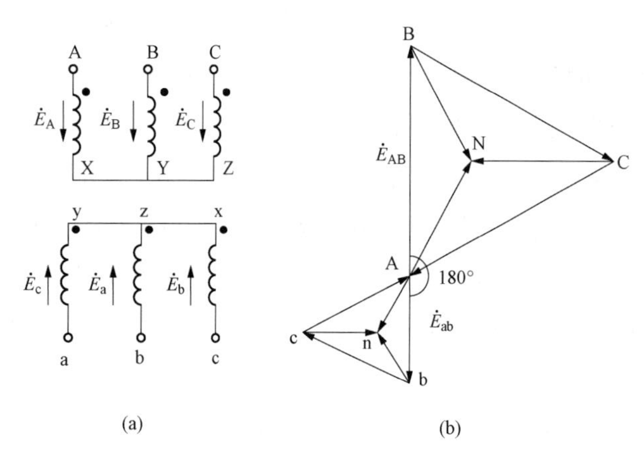

图 2-8　Yy 联结及其相量图

（a）高低压侧联结方式；（b）相量图

高压绕组不动，低压绕组 a、b、c 分别向右移动一相，如图 2-9（a）所示，此时低压侧 C 相与高压侧 A 相在同一芯柱上，低压侧 a 相与高压侧 B 相在同一芯柱上，低压侧 b 相与高压侧 C 相在同一芯柱上。原边三角形不变，二次侧与一次侧的对应关系为：

1）高压侧 A 相相电动势与低压侧 c 相相电动势反相；

2）高压侧 B 相相电动势与低压侧 a 相相电动势反相；

3）高压侧 C 相相电动势与低压侧 b 相相电动势反相。

作图过程不再叙述，依据相量图可知高压侧线电动势 $\dot{E}_{AB}$ 和低压侧线电动势 $\dot{E}_{ab}$ 的夹角为 300°，相量图如图 2-9（b）所示，即三相变压器的联结组别为 Yy10。

高压绕组不动，在图 2-9（a）基础上，低压绕组 a、b、c 三相再次分别向右移动一相，如图 2-10（a）所示。二次侧与一次侧的对应关系为：

1）高压侧 A 相相电动势与低压侧 b 相相电动势反相；

2）高压侧 B 相相电动势与低压侧 c 相相电动势反相；

3）高压侧 C 相相电动势与低压侧 a 相相电动势反相。

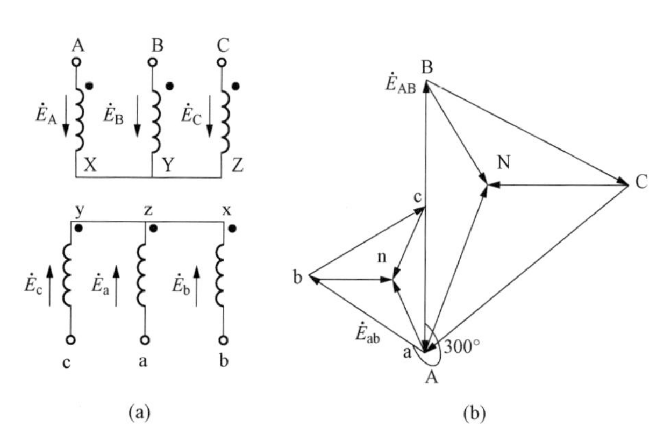

图 2-9　Yy 联结及其相量图

（a）高低压侧联结方式；（b）相量图

依据相量图可知，高低压侧对应线电动势的夹角为 60°，即三相变压器的联结组别为 Yy2。

总结前面的分析，得出如下结论：

1）Yy联结的变压器也即高低压侧联结方式相同时，其组别号只可能为0、2、4、6、8、10，即为双数；

2）当高压侧ABC三相的位置固定不变，低压侧abc三相的相别号每向右挪动一次时，联结组别号均增加4；

3）由于变压器的相序通常是正序，所以相量图中线电动势构成三角形的三个顶点A—B—C均为顺时针方向。

这个结论，也是对分析结果正确与否的基本判断依据。

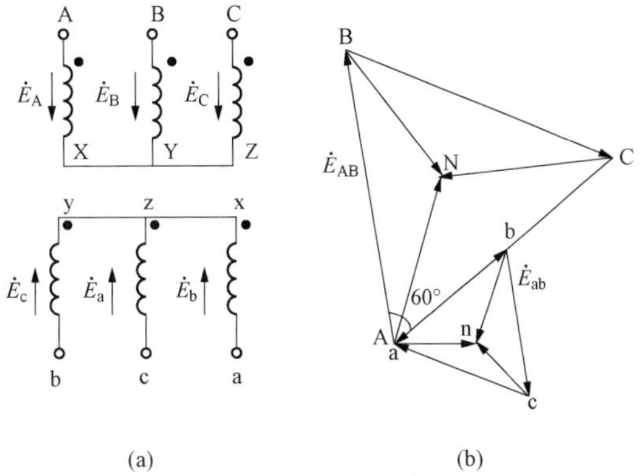

图2-10　Yy联结及其相量图

（a）高低压侧联结方式；（b）相量图

2. Yd联结

首先我们来分析Yd（顺三角）联结组别的判定。所谓顺三角，即a相的末端与b相的首端相连，b相的末端与c相的首端相连，c相的末端与a相的首端相连。低压侧为三角形联结时，同样的，上下对齐的高低压侧的两个线圈在同一芯柱上，它们的相电动势是要么同相，要么反相的关系。并且三角形联结的相电压与线电压相等，图2-11（a）中低压侧线电压与相电压的对应关系如下：$\dot{E}_{ab}=\dot{E}_{ax}$，$\dot{E}_{bc}=\dot{E}_{by}$，$\dot{E}_{ca}=\dot{E}_{cz}$。所以当低压侧为三角形联结时，要作线电动势的相量图，则只要作低压侧a相电动势相量图就足以判别其联结组别。而图中低压侧a相与高压侧A相的相量为同相的关系，此时只要通过A点作高压侧A相的平行线且方向一致，则b点一定落在高压侧A相的相电动势上，如图2-11（b）所示，线电动势$\dot{E}_{AB}$与$\dot{E}_{ab}$的夹角为30°，三相变压器的联结组别为Yd1。一般地，通常情况下，低压侧都要作一个完整的三角形，则三角形的三个顶点abc按照顺时针方向直接完成。

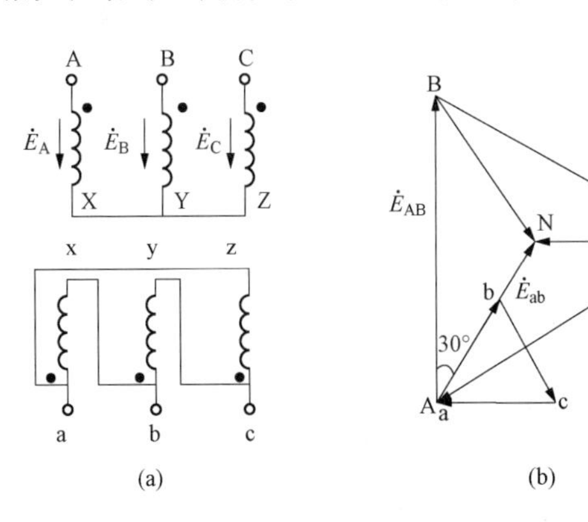

图2-11　Yd联结及其相量图

（a）高低压侧联结方式；（b）相量图

在图2-11（a）的基础上，如果高压绕组不动，低压绕组a、b、c三相分别向右移动一相，如图2-12（a）所示，即低压侧c相与高压侧A相在同一芯柱上，低压侧a相与高压侧B相在同一芯柱上，低压侧b相与高压侧C相在同一芯柱上，因一、二次侧首端与首端同名端，则同一芯柱高低压侧相电动势同相的关系。由于低压侧线电动势 $\dot{E}_{ab}$ 与 a 相相电动势 $\dot{E}_{ax}$ 相等，且与高压侧 B 相相电动势同相，则只要过 A 点作高压侧 B 相的平行线且方向一致，由相量图 2-12（b）可知，线电动势 $\dot{E}_{AB}$ 与 $\dot{E}_{ab}$ 的夹角为 150°，即三相变压器的联结组别为 Yd5，最后完善低压侧三角形。

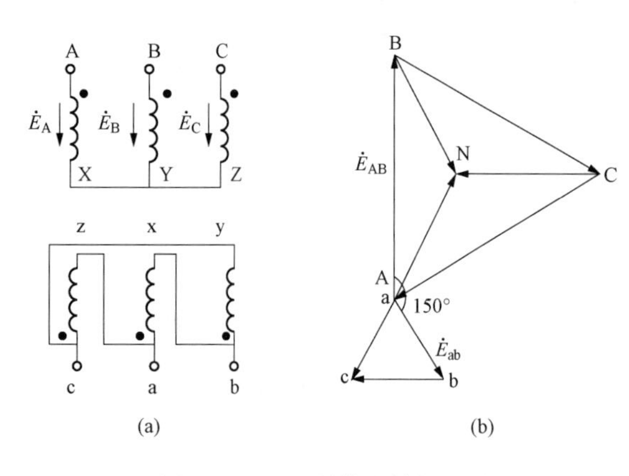

图 2-12　Yd 联结及其相量图

（a）高低压侧联结方式；（b）相量图

高压绕组不动，在图 2-12（a）的基础上，将低压绕组 a、b、c 继续向右移动一相，如图 2-13（a）所示，此时低压侧 b 相与高压侧 A 相在同一芯柱上，低压侧 c 相与高压侧 B 相在同一芯柱上，低压侧 a 相与高压侧 C 相在同一芯柱上。高、低压侧电动势的对应关系为：低压侧线电动势 $\dot{E}_{ab}$ 与 a 相相电动势 $\dot{E}_{ax}$ 相等，且与高压侧 C 相相电动势同相，则过 A 点作高压侧 C 相的平行线且方向一致，即为低压侧 $\dot{E}_{ab}$ 的线电动势相量，如图 2-13（b）所示，由相量图可知，$\dot{E}_{AB}$ 与 $\dot{E}_{ab}$ 的夹角为 270°，即三相变压器的联结组别为 Yd9，完善三角形。

接下来再看低压绕组为倒三角的判断。所谓倒三角，即 a 相的首端与 b 相的末端相连，b 相的首端与 c 相的末端相连，c 相的首端与 a 相的末端相连。图 2-14（a）所示低压侧线电压与相电压的对应关系如下：

$$\dot{E}_{ab}=-\dot{E}_{ba}=-\dot{E}_{by}$$

$$\dot{E}_{bc}=-\dot{E}_{cb}=-\dot{E}_{cz}$$

$$\dot{E}_{ca}=-\dot{E}_{ac}=-\dot{E}_{ax}$$

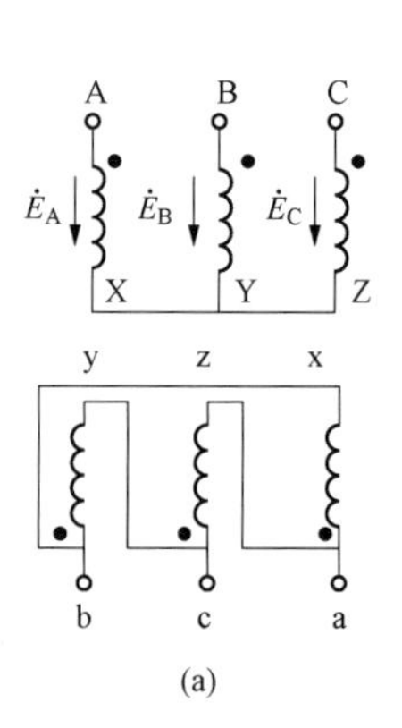

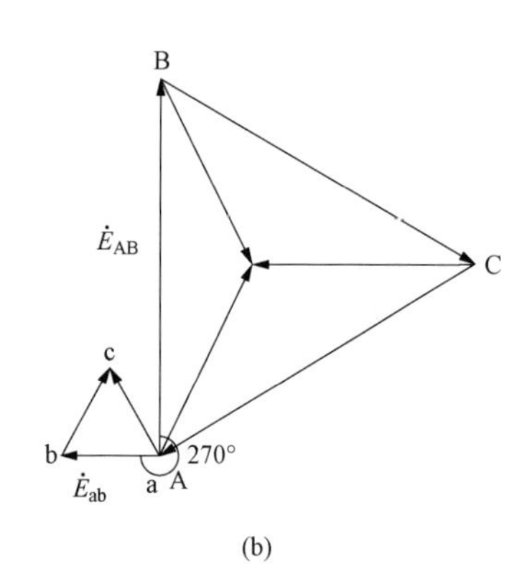

图 2-13　Yd 联结及其相量图

（a）高低压侧联结方式；（b）相量图

由此可见，要做低压侧线电动势 $\dot{E}_{ab}$ 的相量，则应作低压侧 b 相的相电动势，并将 b 相的相电动势反相，而低压侧的 b 相与高压侧 B 相同相，所以过 A（a）点作高压侧 B 相相电动势的平行线且方向相反，即为低压侧线电动势 $\dot{E}_{ab}$，完善低压侧三角形 abc，很明显，c 点一定落在高压侧的相电动势相量图 AN 上，相量图如图 2-14（b）所示。从相量

图可知，$\dot{E}_{AB}$与$\dot{E}_{ab}$的夹角为 330°，三相变压器的联结组别为 Yd11。

高压绕组不动，低压绕组 a、b、c 三相绕组在图 2-14（a）的基础上分别向右移动一相，如图 2-15（a）所示，高压侧相量图不变，低压侧线电动势与相电动势的关系为：$\dot{E}_{ab}=-\dot{E}_{ba}=-\dot{E}_{by}$，$\dot{E}_{bc}=-\dot{E}_{cb}=-\dot{E}_{cz}$，$\dot{E}_{ca}=-\dot{E}_{ac}=-\dot{E}_{ax}$，并且低压侧 b 相相电动势与高压侧 C 相相电动势同向，所以过 A 点作高压侧 C 相平行线且方向与其相反即为低压侧线电动势$\dot{E}_{ab}$，完善低压侧三角形 abc，由相量图 2-15（b）可知，$\dot{E}_{AB}$与$\dot{E}_{ab}$的夹角为 90°，故联结组别为 Yd3。

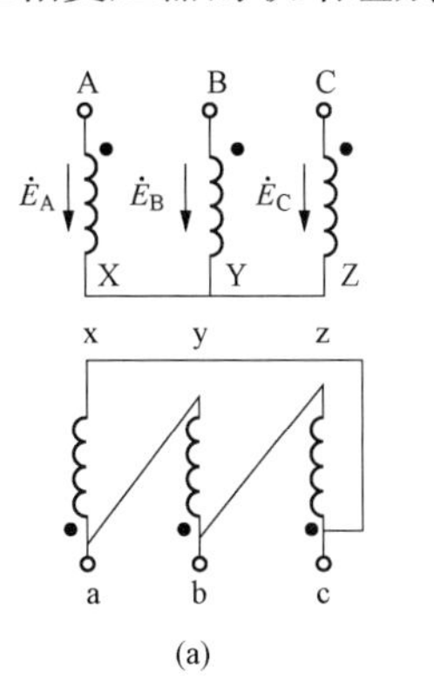

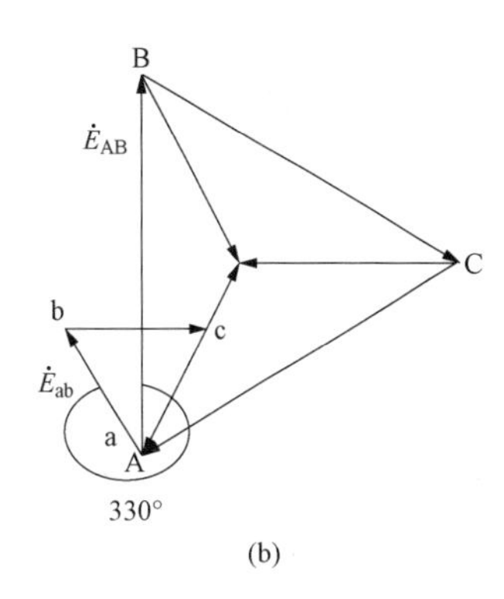

图 2-14　Yd 联结及其相量图

（a）高低压侧联结方式；（b）相量图

再次将低压侧 a、b、c 三相绕组继续向右移动一相，如图 2-16（a）所示。高压侧相量图不变，低压侧线电动势与相电动势的关系依然为：$\dot{E}_{ab}=-\dot{E}_{ba}=-\dot{E}_{by}$，并且低压侧 b 相相电动势与高压侧 A 相相电动势同向，所以过 A 点作高压侧 A 相平行线且方向与其相反，即为低压侧线电动势$\dot{E}_{ab}$，如图 2-16（b）所示，高压侧线电动势$\dot{E}_{AB}$与低压侧线电动势$\dot{E}_{ab}$的夹角为 210°，故联结组别为 Yd7。

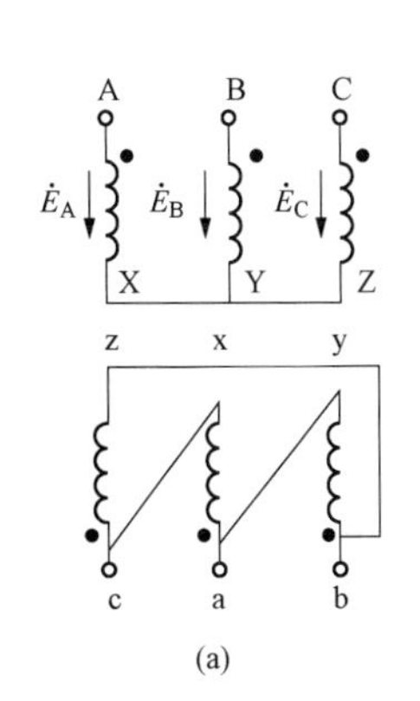

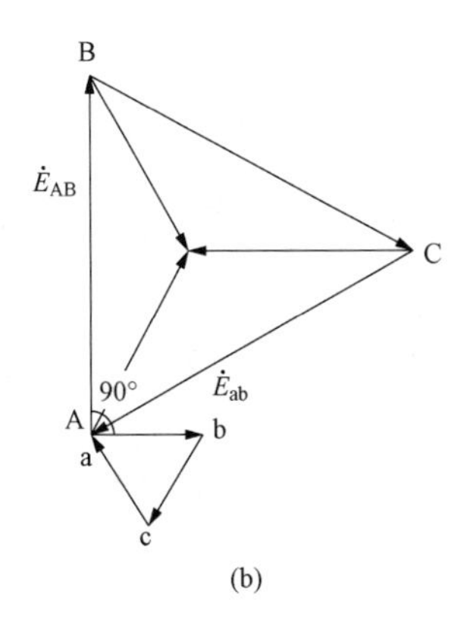

图 2-15　Yd 联结及其相量图

（a）高低压侧联结方式；（b）相量图

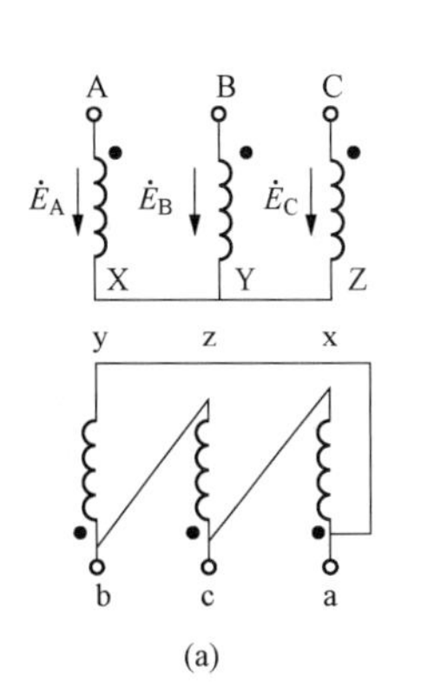

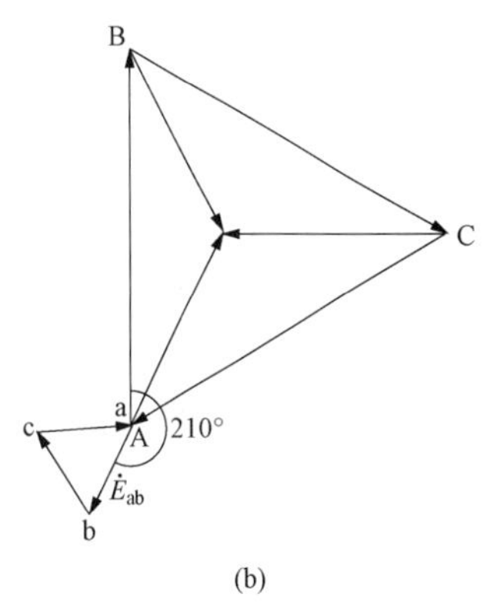

图 2-16　Yd 联结及其相量图

（a）高低压侧联结方式；（b）相量图

综合前面的分析，得出以下结论：

1）当低压侧为顺三角形且高低压侧首端为同名端时，总有关系式$\dot{E}_{ab}=\dot{E}_{ax}$存在；当低压侧为倒三角形且高低压侧首端为同名端时，总有关系式$\dot{E}_{ab}=-\dot{E}_{ba}=-\dot{E}_{by}$存在。

2）三相变压器高低压侧为 Yd 联结，即联结方式不同时，其组别号只可能为 1、3、5、7、9、11，均为奇数。

3）高压侧相别标号不变，当低压侧的相别标号向右每挪动一次时，联结组别号增加 4。

四、标准联结组

三相变压器组别号总共有 12 种，国家对三相电力变压器规定：Yd11、Yyn0、YNd11、YNy0 和 Yy0 为标准联结组别，其中前三种最为常用，而各种联结组别的使用范围如下：

1）Yd11 用于低压侧电压超过 400V，高压侧电压等于或低于 35kV 线路中，并且变压器的最大容量不超过 5600kVA；

2）Yyn0 的二次绕组引出中性线，为三相四线制，作配电变压器时兼供动力和照明负载，这种联结的变压器其容量不超过 1800kVA；

3）YNd11 用于 110kV 及以上的高压线路，且高压侧需要接地的变压器中；

4）YNy0 用在高压侧中性点需要接地的变压器中；

5）Yy0 用在只供给三相动力负载的变压器中。

习题

1. 什么是三相变压器的联结组别，影响组别的因素是什么？

2. Yd11 的含义是什么？三相变压器有哪些标准组别？

3. 判断下列各台三相变压器的联结组别。

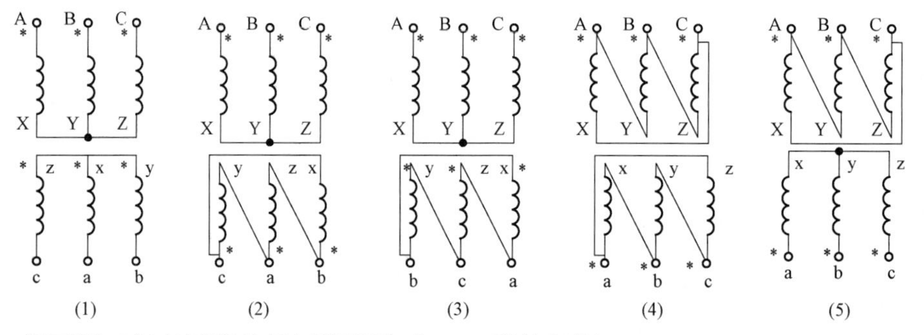

4. 将下图三相变压器的低压绕组连成 Yd9 联结组别。

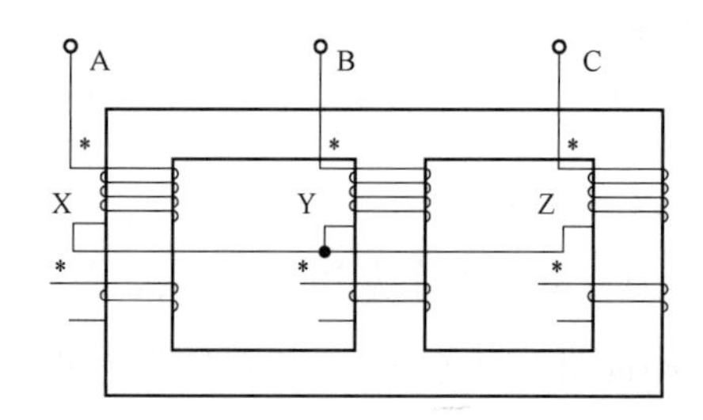

任务3　三相变压器电路相电动势的波形分析

由于电动势是主磁通感应出来的，而主磁通是由空载电流产生，空载电流通过电路系统流通，主磁通通过铁心磁路闭合。因此绕组的联结方式和磁路系统对相电动势波形有影响。

考虑磁饱和的影响，根据磁路的基础知识，我们得出以下两条结论：

1）电压为正弦波时，Φ 为正弦波，电流为尖顶波；

2）电流为正弦波时，Φ 为平顶波，电压为尖顶波。

一、空载电流的波形

在分析单相变压器时曾指出空载电流的波形受磁路饱和的影响，当磁路开始饱和（额定电压下）时，空载电流为尖顶波。由谐波分析可知，尖顶波电流可以看作是基波和各奇次谐波电流的叠加，在高次谐波中，其中以三次谐波分量的幅值为最大，可以认为尖顶波是由基波和三次谐波分量组成，如图 2-17 所示。基波和三次谐波本身均为正弦波，三次谐波的频率是基波的三倍，三相的三次谐波电流大小相等、相位相同。

基波是对称的，任何时刻三相基波电流之和都为 0，即：$i_{A1}+i_{B1}+i_{C1}=0$。所以，电流对空载电动势的影响主要取决于三次谐波。由于三相三次谐波之和为：$i_{A0}+i_{B0}+i_{C0}=3i_{A0}$，三次谐波电流能不能流通，取决于电路系统，因为任何时刻 KCL 定律不能违背。

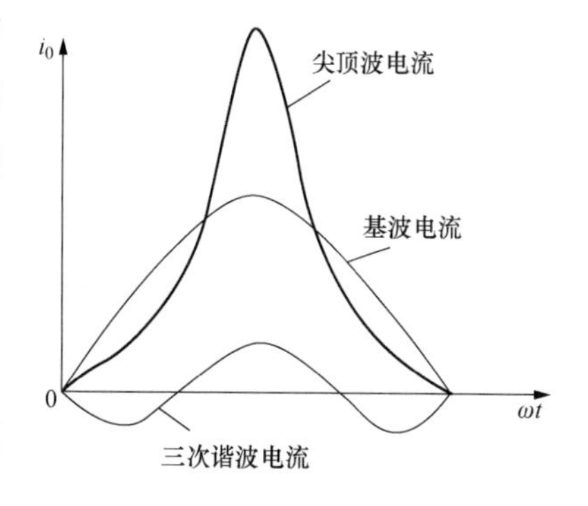

图 2-17　尖顶波电流的分解

根据电路的结构，存在以下两种情况：

1）若电源侧的三相绕组接成 Y 形，则三次谐波电流不能流通，所以空载电流波形为正弦波。

2）若电源侧的三相绕组接成 D 形或 YN 形，则能给三次谐波电流提供通路，空载电流能满足磁路饱和的要求，空载电流为尖顶波。

二、主磁通的波形

在磁路饱和的情况下，当空载电流为尖顶波时，产生的主磁通为正弦波；当空载电流为正弦波时，产生的主磁通为平顶波。由谐波分析可知，平顶波主磁通可以认为是由基波和三次谐波分量组成，如图 2-18（a）所示。

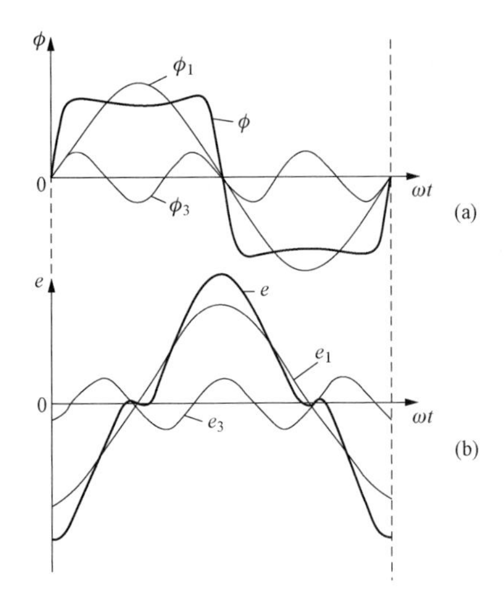

图 2-18　平顶磁通波形的分解及平顶磁通产生电动势的波形

磁通通过磁路闭合，同样地，磁通基波是对称的，即：$\phi_{A1}+\phi_{B1}+\phi_{C1}=0$。所以，磁通对空载电动势的影响主要取决于三次谐波。由于三相三次谐波之和为：$\phi_{A0}+\phi_{B0}+\phi_{C0}=3\phi_{A0}$，而三次谐波磁通能不能通行，主要取决于磁路系统，看磁路有没有三次谐波磁通的通路，因为任何时刻磁路的基尔霍夫第一定律不能违背。

三、相电动势波形

（1）当空载电流要求主磁通为正弦波时，无论组式还是芯式变压器均能畅通，感应的相电动势波形都为正弦波。

（2）当空载电流要求主磁通为平顶波时，其中三次谐波分量是否畅通与磁路系统有关：

1）磁路系统为芯式结构，三次谐波磁通不能在铁心中畅通，只能经油箱及结构部件闭合，此路径磁阻大，三次谐波磁通较小，铁心中主磁通近似为正弦波，感应的相电动势为近似正弦波；

2）磁路系统为组式结构（或三相五柱式），则基波和三次谐波磁通均能在铁心中畅通，分别感应的电动势且滞后各自的磁通 90°电角度，叠加后的电动势为尖顶波。如图 2-18（b）所示。

四、结合变压器的电路与磁路结构的具体分析

1. Yy 联结组式变压器

因为电源侧是星形联结，没有三次谐波电流的通路，所以空载电流波形为正弦波，产生的主磁通为平顶波，平顶波的磁通可以分解为一次与三次谐波，由于是组式变压器，既有三次磁通谐波的通路，也即铁心中主磁通为平顶波，感应电动势为尖顶波。尖顶波电动势产生的过电压将严重危及每相绕组的绝缘，因此在电力系统中组式（或三相五柱式）变压器不允许采用 Yy 联结。至于三相线电动势，由于三相三次谐波电动势大小相等、相位相同在线电动势中相互抵消，所以线电动势仍为正弦波。

2. Yy 联结芯式变压器

电源侧星形联结，没有三次谐波电流的通路，所以空载电流波形为正弦波，正弦波的电流产生的主磁通为平顶波。由于变压器铁心为芯式结构，没有三次谐波磁通的通路，

则铁心中主磁通近似为正弦波，感应电动势近似为正弦波。磁路中没有三次谐波的通路，那么三次谐波去哪儿了呢？这时三次谐波磁通经油箱及结构部件闭合，会在这些部件中产生较大的涡流损耗而引起局部过热，故Yy联结的芯式变压器的容量不能太大，最大容量为1800kVA。

3. Yd联结组式变压器

电源侧为星形联结，即没有三次谐波电流的通路，空载电流波形为正弦波，要求主磁通为平顶波，即磁通存在三次谐波，但由于二次侧为三角形接线，其引起三次谐波环流，由于二次侧电流与一次侧电流方向相反，该三次谐波环流产生的三次谐波磁通对一次侧平顶波中的三次谐波磁通去磁，使得一次侧的磁通接近于正弦波，故相电动势也近似于正弦波。

4. Dy、YNy及Dd联结变压器

由于一次侧都能给三次谐波电流提供通路，能满足空载电流为尖顶波（磁路饱和要求），故电动势波形均为正弦波。

结论：

（1）变压器工作于开始饱和状态，要产生正弦的磁通，必须要有尖顶波的电流，只要电路连接有三次谐波电流的通路，即电路采取三相四线制的星形联结或三角形联结均可。无论磁路采取什么结构，相电动势都为正弦波。

（2）若没有三次谐波电流的通路，则励磁电流为正弦波，磁通为平顶波，这时要保证感应电动势为正弦波，就要想办法滤去磁通的三次谐波，即不能有磁通三次谐波的通路，故变压器铁心结构就只能采取芯式结构而不能采取组式结构。

（3）通过以上的分析，变压器相电动势波形与绕组接线有密切关系，只要变压器一、二次侧中有一侧采取了三角形联结，就能保证主磁通和相电动势波形接近正弦波，即可改善电动势波形。在大容量变压器中，有时专门装设一个三角形联结的第三绕组，该绕组不接电源也不接负载，只提供3次谐波电流通路，以防相电动势发生畸变。

习题

1. 组式变压器为什么不能采取Yy联结？
2. 变压器的联结方式中，为什么习惯一侧采取三角形联结？
3. 为什么芯式变压器作Yy联结时，其额定容量不能超过1800kVA？
4. 为什么芯式结构的变压器没有磁通的三次谐波？

任务4　变压器的并联运行

随着国民经济的发展，各大企业的用电需求逐年增长，因此一台变压器承担不了一个变电站或一个企业的全部用电量，因此常采取多台变压器并联运行的方式。

变压器并联运行是指将两台或两台以上的变压器一次绕组的进线分别并联到公共的母线上，二次绕组的出线也分别并联到另一公共母线上，同时向负载提供电能的运行方式，如图 2-19 所示。

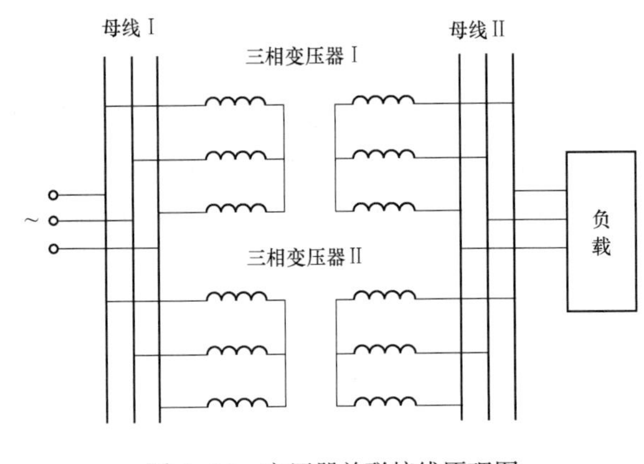

图 2-19　变压器并联接线原理图

并联运行的优点：

变压器并联运行在电力系统中有着非常重要的意义，主要体现在以下几个方面。

1）提高供电可靠性。多台变压器并联运行时，当其中的一台发生故障或需要检修时，另外几台变压器仍可以照常供电。

2）提高运行效率。根据负载的变化，可调整投入运行的变压器台数，以减少能量的损耗，从而提高运行效率，保证经济运行。

3）减少备用容量和初次投资。可随着用电量的增加，分期分批增加新的变压器，可减少初次投资。

一、并联运行的条件

1. 并联运行的理想条件

变压器并联运行时，其容量与结构型式不一定相同，从原理上讲，需满足以下三个理想条件：

1）空载时，各台并联变压器二次绕组的电压必须相等且相位相同，这样才能保证变压器的一、二次回路没有环流，一次绕组只有励磁电流，以避免环流引起铜损耗；

2）负载时，各台变压器承担的负载按其额定容量成比例的分配，容量大的多承担负载，使变压器容量得到充分利用；

3）负载运行时，各台变压器的负载电流同相位，这样当各台变压器二次侧电流一定时，共同承担的总负载电流达到最大值。反过来就是，当负载电流一定时，各台变压器分担的电流最小。

2. 并联运行的实际条件

为达到上述理想情况，并联运行的变压器必须满足如下条件：

1）各台变压器的一、二次绕组的额定电压应分别相等，即变比相等；

2）各台变压器的联结组别应相同；

3）各台变压器的阻抗电压（短路阻抗）标幺值应相等；

4）并联运行变压器的短路阻抗角应相等。

以上4个实际条件与理想条件具有对应关系，实际条件1与实际条件2和理想条件1相对应，实际条件3对应于理想条件2，实际条件4对应于理想条件3。也就是说，并联运行的变压器，只有联结组别相同且变比相同的变压器并联运行，才能使得变压器空载运行时没有环流；只有并联运行变压器短路阻抗标幺值相同，才能使得并联变压器按照它的容量成比例地分配负载，不会出现小容量的变压器超载运行，而大容量的变压器欠载运行的现象发生；只有短路阻抗的阻抗角相等，才能使得变压器二次侧的电流同相位，使得总电流达到最大值。

并且上述4个实际条件中，第2个条件是绝对条件，必须满足，其他三个条件允许有一定的偏差。一般规定并联变压器变比的偏差不应超过标准值0.5%；短路阻抗标幺值相差不得超过平均值的10%，短路阻抗角相差在10°～20°之间。

二、并联条件不满足时的影响分析

1. 变比不等时的并联运行

图2-20为两台变比不等的单相变压器并联运行。设$k_{\mathrm{I}}<k_{\mathrm{II}}$，则在两台变压器的二次侧产生电压差$\Delta U$，二次侧出现环流，二次侧环流的大小为：

$$\dot{I}_{C2}=\frac{\Delta\dot{U}}{Z_{kI}+Z_{kI}}=\frac{\dfrac{\dot{U}_1}{k_{\mathrm{I}}}-\dfrac{\dot{U}_2}{k_{\mathrm{II}}}}{Z_{kI}+Z_{kII}} \tag{2-1}$$

根据磁动势平衡理论，一次侧也相应出现环流。一、二次侧的环流关系为：$I_{C1}=\frac{I_{C2}}{k}$。环流不是负荷电流、环流的存在，使变压器损耗增加，输出容量减小。因为变压器空载时有环流，负载时环流照样存在。

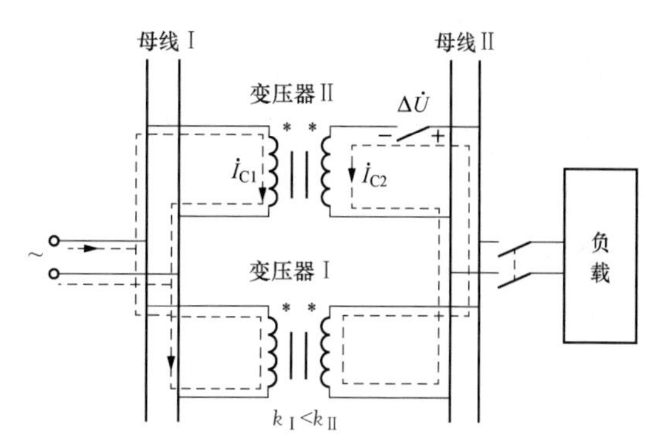

图2-20　两台单相变压器并联运行接线图

通常情况下，变压器也不可能长期满负荷运行，所以当变比相差不大时，虽有一定的环流，但是不影响变压器正常运行，故实用中限制变比之差为0.5%。

2. 联结组别不同时的并联运行

其他条件满足，联结组别不同，即使相差一个点（相位差为30°），如联结组别分别为 Yy0 与 Yd11 的两台变压器并联运行，则两台变压器二次绕组产生电压差 ΔU 也很大，如图 2-21 所示。电压差的大小为：

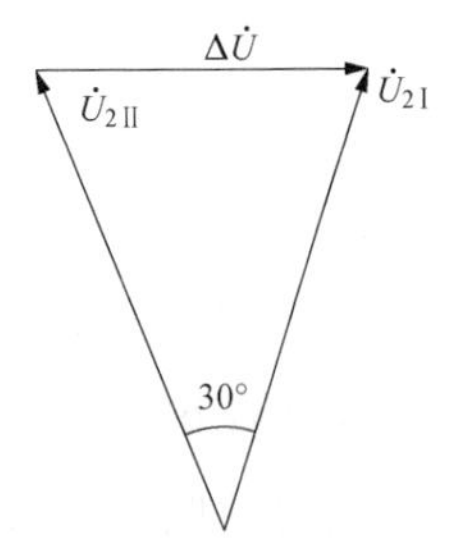

图 2-21　组别号相差 1 时的变压器二次侧电压相位图

$$\Delta U = 2U_{\text{N}}\sin 15° = 0.518U_{\text{N}} \qquad (2-2)$$

这样大的电压差作用在两个二次绕组所构成的回路上，必然会产生很大的环流，将烧毁变压器绕组。

从相量图上很容易理解，联结组别相差 1 的变压器并联运行，是影响最小的情况。若变压器联结组别相差大于 1，由于相位的关系，导致并联运行变压器的压差越大，故联结组别不同（特别是组别号不同）的变压器绝对不允许并联运行。

3. 短路阻抗标幺值不同时的并联运行

其他条件满足，仅仅是短路阻抗标幺值不等的变压器并联运行。图 2-22 为两台短路阻抗标幺值不等的变压器并联运行时的简化等效电路。

设：第一台变压器额定容量为 S_{NI}，短路阻抗标幺值为 Z_{KI}^*，负载系数为 β_{I}；第二台变压器额定容量为 S_{NII}，短路阻抗标幺值为 Z_{KII}^*，负载系数为 β_{II}。阻抗角相等，负载总容量为 ΣS。

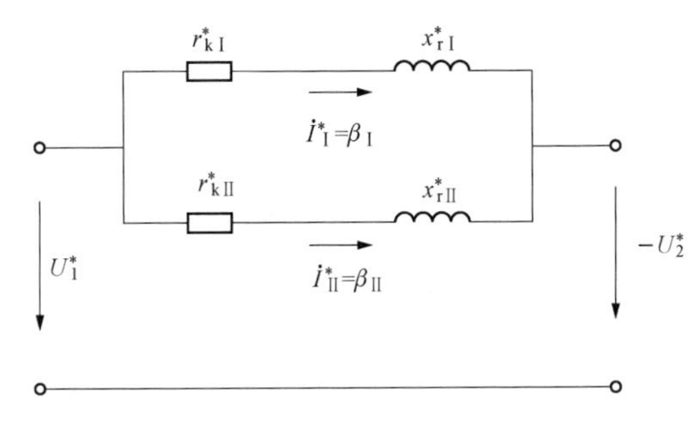

图 2-22　两台变压器并联运行的等效简化电路

由于变压器并联运行，则两台变压器的电压相同，即：

$$\beta_{\text{I}}Z_{\text{KI}} = \beta_{\text{II}}Z_{\text{KII}} \qquad (2-3)$$

该式说明：要使两台容量不等的并联变压器能按其容量成比例地分配负载，也即负载系数要相等，则必须首先保证并联运行变压器短路阻抗的标幺值相等。如果短路阻抗的标幺值不相等，则阻抗标幺值越小，负载系数越大，易过载，而阻抗标幺值越大，负载系数越小，即所带负载占比越小，致使总有一台变压器的容量不能被充分利用。通常情况下，大容量的变压器，其短路阻抗的标幺值相对大一点，所以阻抗不等的变压器并联运行最终导致的结果就是：当负载所需功率等于变压器的容量之和时，小容量的变压器容易过载运行，大容量的变压器反而欠载运行。

运行监护时，只要确保阻抗标幺值小的变压器不过载运行，则其他的变压器都不会过载运行。实用中，为保证各台变压器的容量得到充分的利用，要求变压器的容量尽可能相接近，为此规定并联运行的变压器的最大容量与最小容量之比不超过 3∶1；同时规定并联变压器的短路阻抗标幺值尽可能接近，其差值不大于平均值的10%。

另外，因两台变压器的阻抗角相等，所以有负载总容量 ΣS 等于两台并联变压器所带实际容量之和，即

$$\beta_{\text{I}} S_{\text{NI}} + \beta_{\text{II}} S_{\text{NII}} = \Sigma S \tag{2-4}$$

变压器并联运行时，通常我们将式（2-3）与式（2-4）构成方程组联解，先求出变压器的负载系数，则每台变压器分配的实际负荷以及设备利用率也就可以计算了。

多台变压器并联运行时，可以根据负载情况，合理选择变压器并联运行方式，以降低损耗，提高效率，实现经济运行。

4. 短路阻抗角不相等的变压器并联运行

若其他条件均满足，只是短路阻抗角不同的变压器并联运行，则很容易理解，并联运行的两台变压器二次侧的电流之和达不到最大值。如图2-23所示，图中 $\dot{I}_{\text{I2}}$ 为第一台变压器二次侧的电流，$\dot{I}_{\text{II2}}$ 为第二台变压器二次侧的电流，$\dot{I}_{\text{Z}}$ 为负载总电流。由KCL定律的相量形式可知，负载总电流 $\dot{I}_{\text{Z}} = \dot{I}_{\text{I2}} + \dot{I}_{\text{II2}}$。

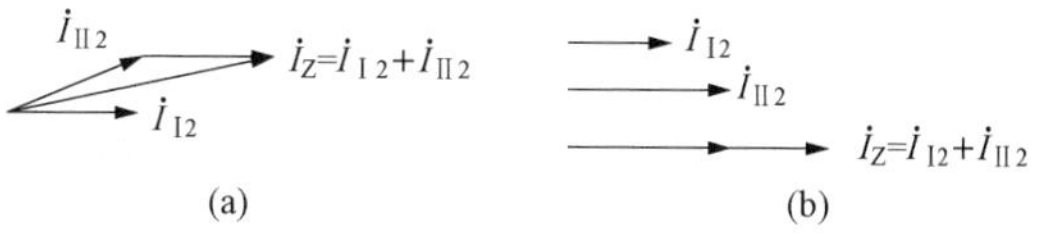

并且并联运行变压器的相位相差越大，负载电流的有效值越小。换句话而言，在变压器二次侧输出电流一定的前提下，若并联运行变压器的相位角相差越大，使得负载总电流就达不到最大输出，由于型号和容量的差异，很难使得并联运行变压器的阻抗角相等，为使变压器的输出尽可能大些，允许它们的相位差在10°～20°。

图2-23　并联运行变压器二次侧输出电流的相量关系

（a）存在相位差；（b）不存在相位差

【例2-1】 两台变压器并联运行，变比、联结组别和短路阻抗的阻抗角都相同，第一台变压器额定容量 $S_{\text{N1}} = 200\text{kVA}$，短路阻抗为 $Z_{\text{K1}}^{*} = 0.035$，第二台变压器额定容量 $S_{\text{N2}} = 400\text{kVA}$，短路阻抗为 $Z_{\text{K2}}^{*} = 0.045$，设总负载等于两台变压器容量之和。

试求：（1）各台变压器所分担的负载是多少？

（2）在不使任何一台变压器过载时，输出最大容量是多少？设备的利用率为多少？

解　（1）已知 $Z_{\text{KI}}^{*} = 0.035$，$S_{\text{N1}} = 200\text{kVA}$，$Z_{\text{KII}}^{*} = 0.045$，$S_{\text{N2}} = 400\text{kVA}$，总负荷为 $\Sigma S = 600\text{kVA}$，则有：

$$\begin{cases} 200\beta_1 + 400\beta_2 = 600 \\ 0.035\beta_1 = 0.045\beta_2 \end{cases} \Rightarrow \begin{cases} \beta_1 = 1.174 \\ \beta_2 = 0.913 \end{cases}$$

则第一台变压器承担的实际容量为 $S_1 = \beta_1 S_{\text{N1}} = 200 \times 1.174 = 234.8(\text{kVA})$；第二台变压器承担的实际容量为 $S_2 = \beta_2 S_{\text{N2}} = 400 \times 0.913 = 365.2(\text{kVA})$。由此可见，第一台变压器已过载，而第二台变压器处于欠载状态。

（2）因短路阻抗标幺值小的变压器易过载，所以，令 $\beta_1=1$，则根据变压器并联，电压相等可求出 β_2

$$\beta_1 Z_{K1}=\beta_2 Z_{K2} \Rightarrow 1\times 0.035=\beta_2\times 0.045 \Rightarrow \beta_2=0.778$$

输出最大容量为：$S_{max}=S_1+S_2=200+400\times 0.778=511.2(kVA)$

设备的利用率为：$\eta=\frac{S_{max}}{S_{N1}+S_{N2}}=\frac{511.2}{200+400}=85.2\%$

习题

1. 什么是变压器的并联运行？变压器并联运行的条件是什么？

2. 分析变压器并联运行一、二次额定电压不相等时有何影响？

3. 分析变压器并联运行联结组别不相同时有何影响？

4. 分析变压器并联运行短路阻抗标幺值不相等时有何影响？负载容量分配的结果如何？

5. 两台变压器并联运行，变比和联结组别都相同，第一台变压器的额定容量为 $S_{N1}=3150kVA$，$Z_{K1}^*=0.04$，第二台变压器的额定容量为 $S_{N2}=6300kVA$，$Z_{K2}^*=0.055$，设总负载容量为 9450kVA。

试求：（1）各台变压器所分担的负载是多少？

（2）不使任何一台变压器过载时，求输出最大容量是多少？设备的利用率为多少？

任务5　特殊变压器

变压器的种类繁多，使用最多最广的是双绕组变压器，在电力系统及其他一些用电场合，还广泛使用三绕组变压器、自耦变压器和分裂变压器等这样一些具有特殊性能和用途的变压器。这些变压器在各自的使用条件下，能显示其独有的优点，因此在符合使用条件的场合，采用这些变压器能获得一定的经济效益。接下来，主要介绍三绕组变压器和自耦变压器。

一、三绕组变压器

当需要在三个不同电压等级的电网间输送功率时，为了经济起见，可采用一台三绕组变压器代替两台双绕组变压器。三绕组变压器的三个绕组根据电压的高低分别称为高压绕组、中压绕组和低压绕组。三绕组变压器的工作原理与普通双绕组变压器一样，当三个绕组中任意一个接电源时，另外两个绕组就有不同的电压输出。

1. 结构特点

三绕组变压器的三个绕组，一般同心套装在同一铁心柱上，为了便于绝缘和节省材料，高压绕组通常排在最外层，根据升压变压器或降压变压器的不同，中、低压绕组的排列位置不同。绕组排列时，要考虑漏磁场分布均匀和漏电抗的合理分配，并且原则上要求相互传递功率多的绕组应尽量靠近些。如发电厂或变电站的升压变压器，其能量传递方向是从低压侧分别传递给高压侧与中压侧，因此就将中压侧紧靠铁心，低压侧放在高、中压绕组中间，如图 2 - 24（a）所示。在变电站的降压变压器中，其能量传递方向是从高压侧分别传递给低压侧与中压侧，遵守的原则就是把高压绕组放在中间，但这样排列提高了绝缘的要求，因此将中压绕组布置在高、低压绕组之间，如图 2 - 24（b）所示。变压器绕组只有通过合理的排列，才能提高功率传递的效率，保证较好的电压变化率和运行性能。

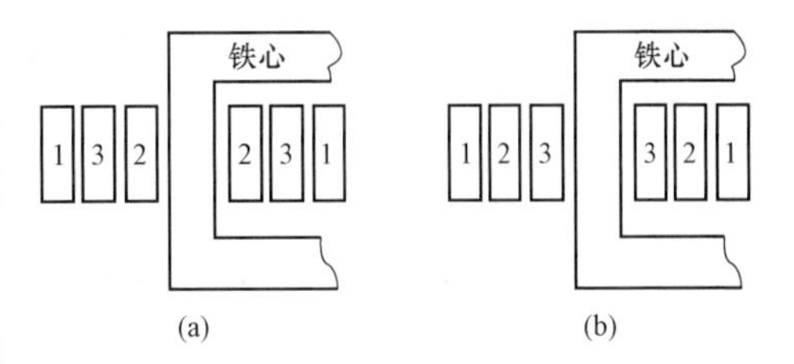

图 2 - 24　三绕组变压器绕组排列示意图

（a）升压变压器；（b）降压变压器

1—高压；2—中压；3—低压

2. 基本方程式与等效电路

图 2 - 25 为三绕组变压器的结构示意图与原理图。设三绕组变压器一次、二次和三次绕组的匝数分别为 N_1、N_2 和 N_3，则空载运行时，三绕组变压器的关系为：

$$\left.\begin{aligned}\frac{U_1}{U_2}&=\frac{N_1}{N_2}=K_{12}\\\frac{U_2}{U_3}&=\frac{N_2}{N_3}=K_{23}\\\frac{U_1}{U_1}&=\frac{N_1}{N_3}=K_{13}\end{aligned}\right\}\tag{2 - 5}$$

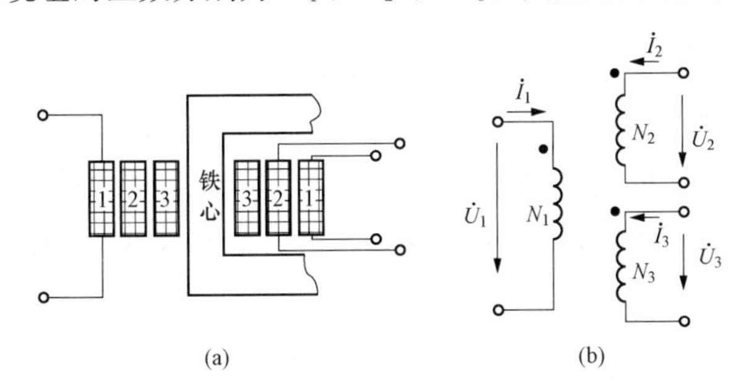

图 2 - 25　三绕组变压器

（a）结构示意图；（b）原理图

三绕组变压器空载运行时与双绕组变压器没有什么区别，只是多了两个变比而已。负载运行时，三绕组变压器的电流关系仍然满足磁动势平衡方程式：

$$N_1\dot{I}_1+N_2\dot{I}_2+N_3\dot{I}_3=N_1\dot{I}_0\tag{2 - 6}$$

三绕组变压器的磁通也可分成主磁通与漏磁通两部分。主磁通是指三个绕组同时交链的磁通，它由三个绕组的合成磁动势产生，经铁心磁路闭合。漏磁通有两种，一种是只与一个绕组交链的磁通，称为自漏磁通，另一种是与两个绕组交链的磁通，称为互漏磁通。自漏磁通是由一个绕组自身的磁动势产生的，而互漏磁通则是由它所交链的两个绕组的合成磁动势产生的。

由此可见，三绕组变压器中存在比双绕组变压器更为复杂的互感耦合关系，按照双绕组变压器的分析方法，可以推导出三绕组变压器的简化等效电路图，如图 2 - 26 所示。

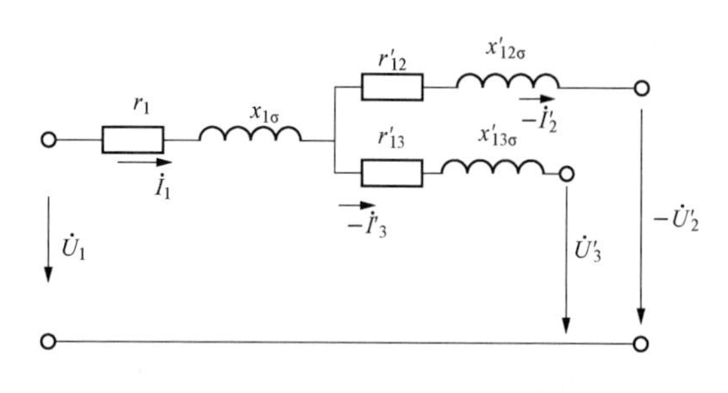

图 2-26　三绕组变压器的简化等效电路图

图 2-26 中，r'_{12}、x'_{12}为二次侧折算到一次侧的漏电阻和漏电抗；r'_{13}、$x'_{13\sigma}$为三次侧折算到一次侧的漏电阻和漏电抗。

3. 标准联结组别

GB 1094.1—1996 规定，三相三绕组变压器的标准联结组别有 YNyn0d11 和 YNyn0y0 两种。其中 YNyn0d11 的含义是：高压侧与中压侧均为三相四线制的星形联结，低压侧为三角形联结，并且高压侧与中压侧的相位差为 0°，高压侧与低压侧的相位差为 330°。常见的电压等级有 110/35/10.5kV 和 220/110/10.5kV。

4. 三绕组变压器的容量配置关系

三绕组变压器额定容量是指三套绕组中容量最大的那个绕组的容量，而变压器铭牌上标注的是额定容量。变压器绕组的容量等于绕组额定电压与额定电流之乘积，它反映了绕组通过功率的能力。对于双绕组变压器而言，功率的传递只在一、二次间进行，所以一、二次绕组的额定容量相等。三绕组变压器有一个一次绕组和两个二次绕组，而两个二次绕组的负载分配没必要固定不变。根据系统运行的实际情况，有时需向某一个二次绕组多输送些功率，而向另一个二次绕组少输些功率，只要两个绕组二次侧的电流不超过自身绕组的额定电流，两个绕组二次侧的电流归算到一次侧后，不超过一次侧的额定电流，各种运行的配合都是允许的，这也体现了三绕组变压器在电力系统中的灵活性。因此三绕组变压器的三个绕组的容量可以相等，也可以不等。为了使产品标准化，国家标准对三绕组变压器各绕组的容量规定了几种配置。若以额定容量作为 100%，三套绕组容量配合有 100/100/100、100/100/50、100/50/100 三种。需要指出，各绕组容量间的分配，并不是指实际容量的分配比例，而是指各套绕组传递容量的最大能力，它与变压器工作中实际输送的功率是两个截然不同的概念。

二、自耦变压器

在电力系统中，自耦变压器用来联络电压等级相差不大的线路。并且变比越接近于 1，自耦变压器的优越性越明显。

1. 结构特点

图 2-27（a）是自耦变压器的结构示意图，从结构上看，自耦变压器与双绕组变压器没有什么很大区别，也有两部分绕组构成，1 相当于双绕组变压器的高压侧绕组，2 相当于双绕组变压器的低压侧绕组，但是与普通双绕组变压器又有所不同，图中将线圈 1

和线圈 2 串联起来了。很明显，线圈 1 和线圈 2 串联后整个作为高压侧的绕组，线圈 2 才是低压侧的绕组。由于线圈 2 既属于高压侧，又属于低压侧，所以线圈 2 称之为公共绕组，线圈 1 称之为串联绕组。即自耦变压器高低压侧共用一个绕组，且低压绕组是高压绕组的一部分。电路原理图如图 2-27（b）所示，高压侧的电压与电流依然用 $\dot{U}_1$、$\dot{I}_1$表示，低压侧的电压与电流依然用 $\dot{U}_2$、$\dot{I}_2$表示，公共绕组的电流用 $\dot{I}$ 表示。电压电流正方向采用双绕组变压器相同的惯例，三个电流的关系为 $\dot{I}_1+\dot{I}_2=\dot{I}$，即高、低压绕组之间存在电的联系。

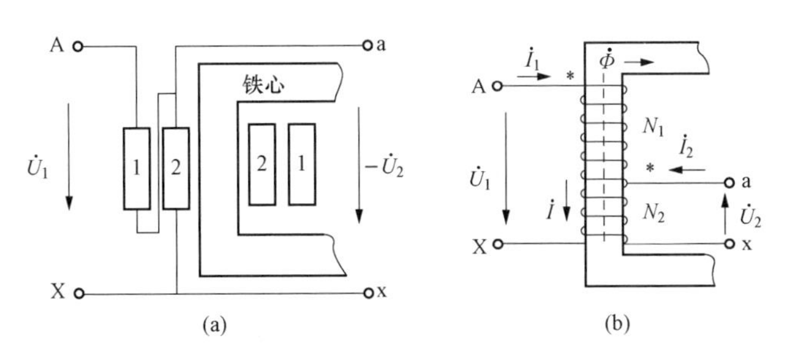

图 2-27　自耦变压器

（a）结构示意图；（b）原理示意图

通过上面的结构分析，我们总结一下自耦变压器的结构特点。普通双绕组变压器的高、低压绕组之间只有磁的耦合，没有电的联系。而自耦变压器高、低压绕组之间既有磁的耦合，又有电的联系。

同时通过上面的分析可知，任何一台双绕组变压器，都可以改装成两台变比不同的自耦变压器。如 220kV/110kV 的双绕组变压器，可以改装成 330kV/110kV 与 330kV/220kV 的两台变比不同的自耦变压器，那改装后的自耦变压器与双绕组变压器相比较，是否具有优势可言呢？此外，改装后的两台自耦变压器，在材料等不变的前提下，两台变压器的经济效能是否相同呢？通过下面对自耦变压器的电磁关系分析就清楚了。

2. 基本电磁关系

电磁关系从电压关系与电流关系两方面来进行讨论。

（1）电压关系

自耦变压器的工作原理与普通双绕组变压器类似，每匝电动势相等，匝数不同对应的电动势不同。电压关系也称之为变比关系，自耦变压器的变比用 k_Z 表示，与普通变压器一样，变比 k_Z 等于一、二次侧的电动势之比，即：

$$k_Z=\frac{E_1}{E_2}=\frac{N_1+N_2}{N_2}=1+k\approx\frac{U_1}{U_2} \tag{2-7}$$

式中，k 为双绕组变压器的变比。

(2) 电流关系

与双绕组变压器一样，自耦变压器从空载到负载运行时，由于电源电压保持不变，则主磁通不变，磁耦合发生在上下两部分绕组之间。根据磁动势平衡方程

$$\dot{I}_1 N_1 + \dot{I} N_2 = \dot{I}_0(N_1 + N_2) \tag{2-8}$$

励磁电流很小，若忽略不计，则有：

$$\dot{I}_1 N_1 + \dot{I} N_2 = 0 \tag{2-9}$$

对于节点 a，有电流
$$\dot{I}_1 + \dot{I}_2 = \dot{I} \tag{2-10}$$

将式（2-10）代入式（2-9），得

$$\dot{I}_1 = -\frac{N_2}{N_1 + N_2}\dot{I}_2 = -\frac{1}{k_Z}\dot{I}_2 \tag{2-11}$$

通过分析可知，自耦变压器负载运行时，其中一、二次侧电压相差 k_Z 倍，电流相差 $\frac{1}{k_Z}$倍，此结论与双绕组变压器是相同的。

从原理电路图可知：若$U_1 > U_2$，则 $I_1 < I_2$，由于电流 $\dot{I}_1$与电流 $\dot{I}_2$反相的关系且 $\dot{I}_1 + \dot{I}_2 = \dot{I}$，作出电流关系相量图，如图 2-28 所示，则电流 $\dot{I}$ 一定与 $\dot{I}_2$同相，且电流的有效值之间的关系为：

$$I_2 = I_1 + I \tag{2-12}$$

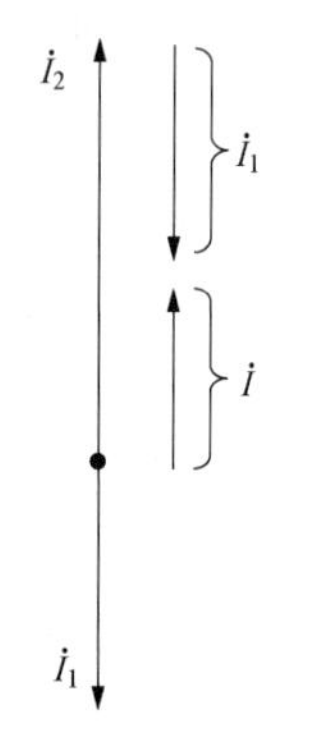

图 2-28　自耦变压器电流的相量图

式（2-12）表明：自耦变压器的变比越接近于 1，则自耦变压器一、二次电流越接近于相等，公共绕组的匝数越多，同时公共绕组的电流越接近于零。

由于公共绕组电流小且匝数多，意味着变比接近 1 的自耦变压器在生产时，公共绕组相对于串联绕组而言，其线径可以做得很小，可以节省很多铜材料。

3. 容量关系

自耦变压器的额定容量为：

$$S_N = U_{1N} I_{1N} = U_{2N} I_{2N} \tag{2-13}$$

由于一、二次侧的电流关系为：$I_2 = I_1 + I$

则二次侧输出容量为：

$$S_N = U_{2N} I_{2N} = U_{2N}(I_{1N} + I) = U_{2N} I_{1N} + U_{2N} I = \frac{1}{k_Z} S_{2N} + \left(1 - \frac{1}{k_Z}\right) S_{2N} \tag{2-14}$$

由此可见，自耦变压器的输出容量由两部分组成：一部分为电磁容量，即公共绕组的容量，其大小等于二次侧额定电压与公共绕组的电流之乘积，该部分容量是通过电磁感应的形式由一次侧传递到二次侧的；另一部分为传导容量，其大小为二次侧额定电压

与一次侧额定电流之乘积，它是通过电传导的形式由一次侧传递到二次侧的。

现在来回答前面提出的问题，如果一台自耦变压器由双绕组变压器改成，则自耦变压器公共绕组的电流就是原双绕组变压器二次线圈的电流，所以自耦变压器的电磁容量也即双绕组变压器的额定容量，此时电磁容量也可称之为不变容量。很明显自耦变压器的容量比双绕组变压器的容量增加了传导容量。即若将双绕组变压器改为自耦变压器，则改成后的自耦变压器的容量比原来的双绕组变压器的容量要大。

前面讲了，一台双绕组变压器可以改成两台变比不同的自耦变压器，则两台自耦变压器的经济性能是否一样呢？回答是否定的。变比接近于1的自耦变压器，其优越性越明显，主要体现在如下两个方面：

1）当变比越接近于1时，传导容量越大，电磁容量不变，故总容量越大。所以自耦变压器的变比越接近1时，它的经济性能越高。故自耦变压器通常用在变比在1.5∽2之间的电力系统中。

2）当变比越接近于1时，公共绕组的电流就越小，匝数越多，所以公共绕组截面可以做细，节省了铜材料。

那自耦变压器的额定容量与设计容量是否有区别呢？

变压器的设计容量是根据绕组的容量来定义的。

首先计算自耦变压器的串联绕组与公共绕组的容量，看看这两段绕组的容量与自耦变压器的额定容量是否相同。

串联绕组的容量为：

$$S_{串} = U_{串} I_1 = U_1 \times \frac{N_1}{N_1 + N_2} I_1 = S_N\left(1 - \frac{1}{k_Z}\right) \tag{2-15}$$

公共绕组的容量为：

$$\begin{aligned} S_{公共} &= U_2 I = U_2 \times (I_2 - I_1) = S_N - U_1 \times \left(\frac{N_2}{N_1 + N_2}\right) I_1 \\ &= \left(1 - \frac{1}{k_Z}\right) S_N \end{aligned} \tag{2-16}$$

即两段绕组容量相等，且小于自耦变压器的额定容量。故自耦变压器的设计容量小于额定容量，这个结论与双绕组变压是不同的。

4. 自耦变压器的优缺点

与双绕组变压器相比，自耦变压器有以下优缺点：

1）自耦变压器的绕组容量小于额定容量，在额定容量相等的情况下，自耦变压器体积小，重量轻，便于运输和安装；节省材料、成本低；损耗小、效率高。

2）短路阻抗小，短路电流大；运行方式和过电流保护比较复杂。

【例 2-2】 一台双绕组变压器，额定容量为 220VA，高低压侧额定电压分别为 220V/110V，现将这台变压器改为以下两种自耦变压器：①330V/220V；②330V/110V 试计算这两种自耦变压器的额定容量，并分别说明其传导容量与电磁容量各为多少。

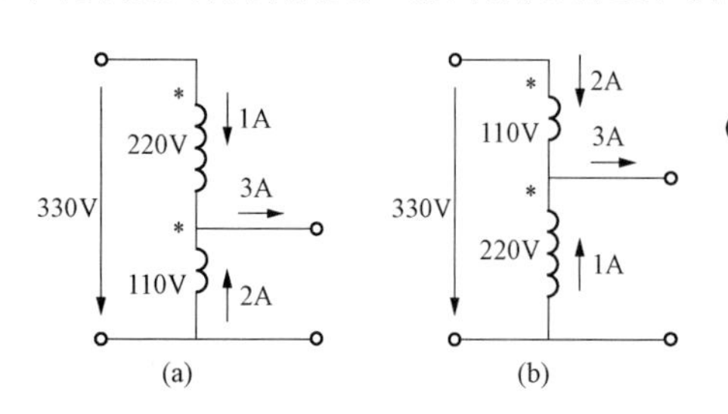

图 2-29 双绕组变压器改为自耦变压器的等效电路

（a）变比为 330/110；（b）变比为 330/220

解：（1）变比：330/110，等效电路如图 2-29（a）所示。

$$I_{1N}=220/220=1A$$

$$I=220/110=2A$$

$$I_{2N}=I_{1N}+I=3A$$

$$S_N=U_{1N}I_{1N}=330\times1=330(VA)$$

$$S_{传导}=U_{2N}I_{1N}=110\times1=110(VA)$$

$$S_{电磁}=U_{2N}I=110\times2=220(VA)$$

（2）变比：330/220，等效电路如图 2-29（b）所示。

$$I_{1N}=220/110=2A$$

$$I=220/220=1A$$

$$I_{2N}=I_{1N}+I=3A$$

$$S_N=U_{1N}I_{1N}=330\times2=660(VA)$$

$$S_{传导}=U_{2N}I_{1N}=220\times2=440(VA)$$

$$S_{电磁}=U_{2N}I=220\times1=220(VA)$$

习题

1. 画出三绕组变压器的简化等效电路图，并说明其等效电抗与双绕组变压器的等效电抗在概念上有什么不同？

2. 说明三绕组升压变压器和降压变压器三个绕组的排列顺序。

3. 自耦变压器的功率是如何传递的？为什么自耦变压器的设计容量比额定容量小？

4. 自耦变压器最适合的变比范围是多大？

5. 为什么说自耦变压器的变比越接近于 1，它的优越性越明显？

项目3 交 流 绕 组

交流旋转电机一般由定子和转子两部分组成，在定子上有结构相同的三相交流绕组。该三相交流绕组具有产生旋转的磁动势及感应三相交流电动势，从而实现机电能量的转换。本章主要介绍交流绕组的构成，交流绕组被正弦磁场切割感应的电动势以及交流绕组通入正弦交流电产生的磁动势情况，这些内容是交流电机的共性内容。

任务1 交流绕组的基本认知

一、三相交流绕组的构成原则和分类

使用或者发出交流电的交流电机都需要使用交流绕组，交流绕组是实现机电能量转换的重要部件，又称电枢绕组，如图 3-1 所示。

对交流绕组构成提出如下原则：

1）三相绕组对称（即三相绕组完全一致，在电机空间彼此 120°电角度），以保证三相电动势和磁动势对称；

2）在一定的导体下，力求获得尽可能大的电动势和磁动势；

3）电动势和磁动势波形力求接近正弦波；

4）用铜量少，工艺简单，便于安装和检修。

图 3-1 三相交流绕组模型

三相交流绕组根据绕法分成叠绕组和波绕组，如图 3-2 所示；线圈可以是单匝也可以是多匝的；根据槽内层数可分为单层绕组和双层绕组，如图 3-3 所示。

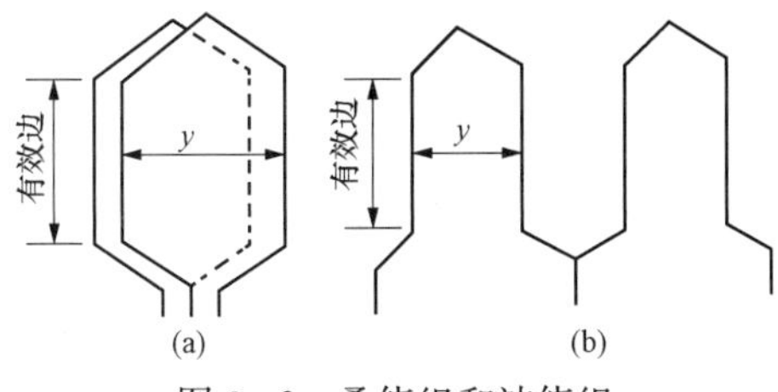

图 3-2 叠绕组和波绕组

（a）叠绕组；（b）波绕组

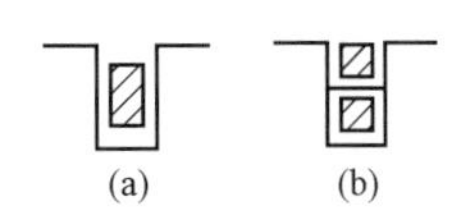

图 3-3 单、双层绕组

（a）单层绕组；（b）双层绕组

二、常用的基本概念

1. 极距 τ

一个磁极在定子铁心内圆（电枢表面）占有的弧长称为极距，常用一个极面下所占的槽数表示。

设定子槽数为 Z，磁极数为 $2p$，则

$$\tau = \frac{Z}{2p} \tag{3-1}$$

2. 线圈节距 y

一个线圈两个有效边（嵌入槽中的直线边）在电枢表面占有的弧长，称为节距 y，也用槽数表示。为使每个线圈获得尽可能大的电动势（或磁动势），节距 y 应接近或等于 τ。

$$\begin{cases} y > \tau \text{ 长距} \\ y = \tau \text{ 整距} \\ y < \tau \text{ 短距} \end{cases}$$

3. 电角度

从电磁观点来看，一对极旋转一周，被切割的导体电动势交变一个周波，即 360°，因而，一对极相当于 360°（电角度）。交流电机内圆（360°机械角）含有 p 对极，即

电角度 $= p \times$ 机械角（几何角）

4. 槽距角 α

相邻两槽导体间的电角度，即一个槽占有的电角度称为槽距角 α，则

$$\alpha = \frac{p \times 360^\circ}{Z} \tag{3-2}$$

槽距角 α 表达了相邻两槽导体电动势在时间上的相位差。

5. 每极每相槽 q

每极下每相连续占有的槽数称为每极每相槽 q，即

$$q = \frac{Z}{2pm} \tag{3-3}$$

式中，m 为相数。

6. 相带

每相在每个极下连续占有的地带（用电角度表示）称为相带，即 $q\alpha = 60^\circ$，称为 60°相带。为了使三相绕组对称，则每对极下有 6 个相带的排列为：AZBXCY 。

7. 线圈组（极相组）

对于双层（单层）绕组，把每个极（每对）下属于同一相的所有线圈按一个线圈的

末接另一个线圈的首，依次串成一个线圈组，称为极相组。双层（单层）绕组每相共有 $2p(p)$ 线圈组。

习题

1. 交流绕组的构成原则是什么？

2. 一个整距线圈的两个有效边在空间上相距的电角度是多少？如果电机有 p 对极，则整距线圈的两个有效边在空间上相距的机械角度是多少？

3. 有一台交流电机，$Z=36$，$2p=4$，$y=8$，并联支路数 $a=1$，试求极距、槽距角、每极每相槽 q?

任务2　交流绕组的构成

一、单层绕组

每个槽内只放一个线圈边称为单层绕组。三相单层绕组分成叠式、链式、交叉式和同心式绕组。

1. 三相单层叠绕组

【例3-1】　已知 $Z=24$，$2p=4$，$a=1$（并联支路数），试绘制三相单层叠绕组A相展开图。为了看清绕组的构成，以单匝线圈为例来说明。

解：(1) 计算相关参数

$$\tau=\frac{Z}{2p}=\frac{24}{4}=6, y=\tau=6(\text{单层是整距})$$

$$q=\frac{Z}{2pm}=\frac{24}{4\times 3}=2, \alpha=\frac{p\times 360^\circ}{Z}=\frac{2\times 360^\circ}{24}=30^\circ$$

(2) 展开24槽

图3-4所示为定子24槽A相展开图，实线代表了槽，也代表了槽内的线圈边。

(3) 划分相带

一对极下相带的排列为AZBXCY，下一对极重复排列。

(4) 确定线圈

根据线圈的节距 $y=6$，确定线圈的两条有效边：一条有效边放在1号槽内，则另一条边放在（$1+y=7$）号槽内，由此确定所有A相的线圈。

(5) 确定线圈组（极相组）

根据每极每相槽 $q=2$，确定每对极下由 $q=2$ 个线圈首末相连串成A相的线圈组，一相共有 $p=2$ 个线圈组。

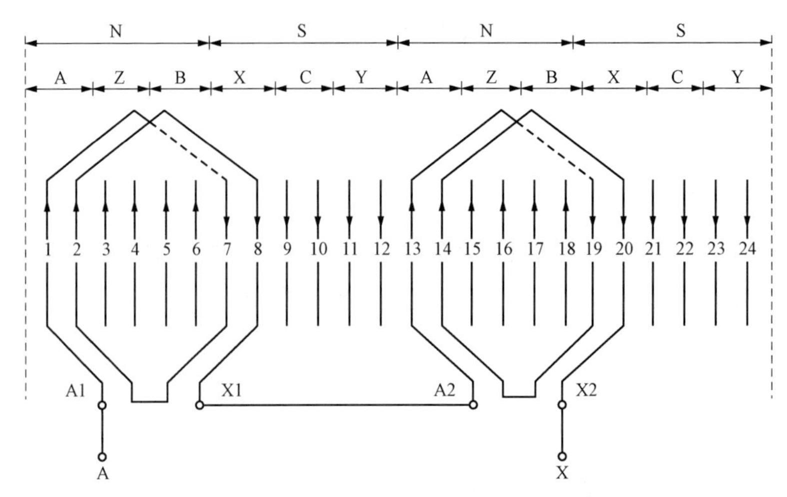

图 3-4　三相单层叠绕组（$a=1$）A 相展开图

（6）确定一相绕组

根据并联支路数 $a=1$，确定 A 相绕组。本例题一相只有一条支路，故是 $p=2$ 个线圈组按电动势相加的原则串联成一相绕组，即一个线圈组的末接另一个线圈组的首。如图 3-4 为 A 相绕组的展开图。

将 A 相绕组展开图，向右移动 $q=2$ 个槽即可得到 B 相展开图，再向右移动 $q=2$ 个槽，即可得到 C 相展开图。

2. 三相单层链式绕组

从例［3-1］可以看出 A 相绕组电动势是把 1、7、2、8、13、19、14、20 号槽内的导体电动势相加，由于加法没有先后，所以可以把 2 与 7、8 与 13、14 与 19、20 与 1 槽内导体组成线圈，再按电动势相加的原则串成 A 相绕组，即可得到三相单层链式绕组，如图 3-5 所示。

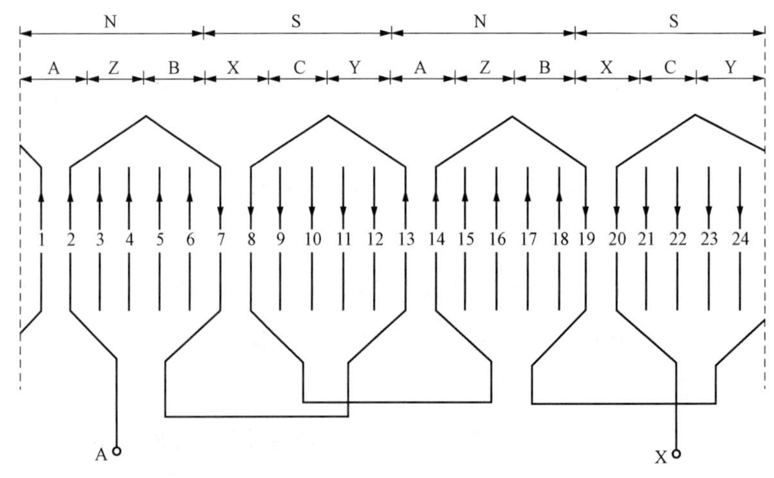

图 3-5　三相单层链式绕组（$a=1$）A 相展开图

二、三相双层绕组

每个槽分上下两层，分别放置不同线圈（由上、下层有效边构成）的上下层边，称为双层绕组，双层绕组又分为双层叠绕组和双层波绕组。

【例3-2】 已知 $Z=24$，$2p=4$，$a=1$（并联支路数），试绘制三相双层短距$\left(y=\frac{5}{6}\tau\right)$叠绕组A相展开图。

解：（1）计算相关参数

$$\tau=\frac{Z}{2p}=\frac{24}{4}=6，y=\frac{5}{6}\tau=5$$

$$q=\frac{Z}{2pm}=\frac{24}{4\times3}=2，\alpha=\frac{p\times360^\circ}{Z}=\frac{2\times360^\circ}{24}=30^\circ$$

（2）展开24槽

图3-6为定子24槽A相绕组展开图，实线代表了槽，也代表了槽内的上层边，虚线代表了槽内的下层边，槽号即为线圈号。

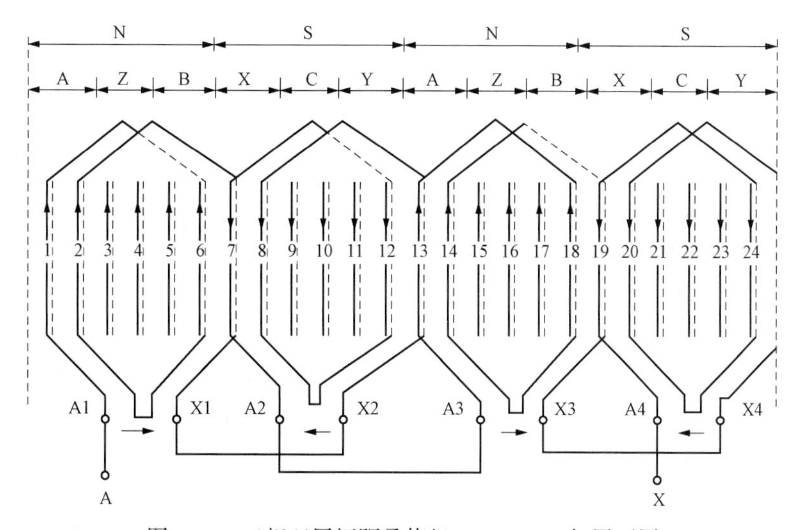

图3-6 三相双层短距叠绕组（$a=1$）A相展开图

（3）划分相带

一对极下相带的排列为AZBXCY，下一对极重复，双层绕组只是划分了上层边。

（4）确定线圈

根据线圈的节距 $y=5$，确定线圈的两有效边：1号线圈的上层边放在1号槽内，则下层边放在（$1+y=6$）号槽内，由此确定所有A相的线圈。

（5）确定线圈组（极相组）

根据每极每相槽 $q=2$，确定每个极下由 $q=2$ 个线圈首末相连串成A相的线圈组，

一相共有 $2p=4$ 个线圈组。

（6）确定一相绕组

根据并联支路数 $a=1$，确定A相绕组。本例一相只有一条支路，故是 $2p=4$ 个线圈组按电动势相加的原则串联成一相绕组，即头接头，末接末。

将A相绕组展开图向右移动 $q=2$ 个槽即可得到B相展开图，再向右移动 $q=2$ 个槽，即可得到C相展开图。

习题

1. 有一台交流电机，$Z=24$，$2p=4$，$y=5$，$a=1$，绘制三相单层链式绕组展开图。
2. 有一台交流电机，$Z=36$，$2p=4$，$y=8$，$a=1$，绘制三相双层叠绕组展开图。

任务3　交流绕组的制作

一、交流绕组的制作工具

1. 绕线机

如图3-7所示，线头挂在绕线模左侧的绕线机主轴上，线头预留长度为线圈周长的一半。嵌入绕线模槽中，导线在槽中自左向右排列整齐、紧密，不得有交叉现象，待绕至规定的匝数为止。

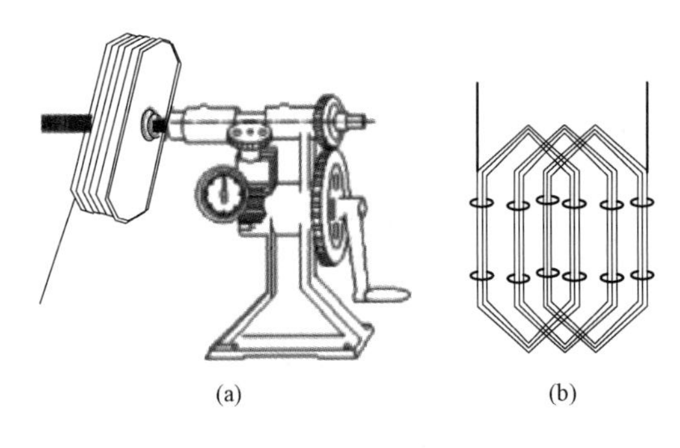

图3-7　绕线机及成型线圈

（a）绕制线圈；（b）绑扎线圈

2. 压线板

如图3-8所示，当槽满率较高时，可以将压线板的压脚插入槽口内，且沿槽平推，压实槽内导体。

3. 划线板

用划线板在线圈边两侧交替划，引导导线入槽，如图3-9和图3-10所示。

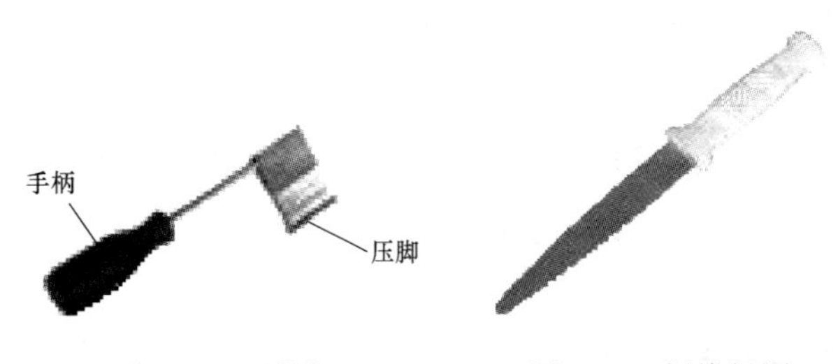

图3-8　压线板　　图3-9　划线板图

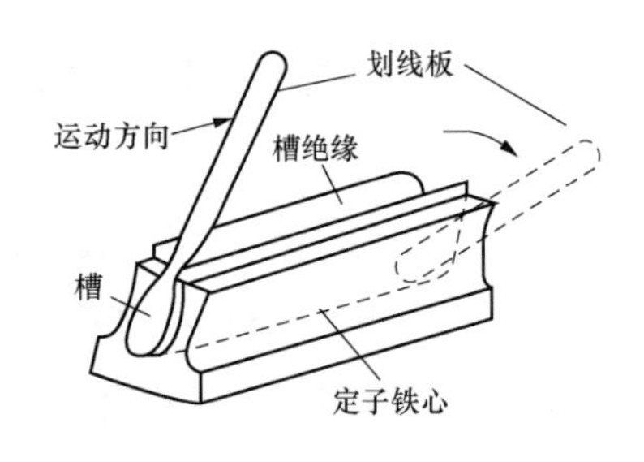

图3-10　划线板使用

4. 剪子

按其长度可分为大、中、小号三种，主要用它来裁制绝缘纸和每嵌完一把线剪掉高出定子表面无用的槽绝缘纸边。最好选用手术用弯剪，这种剪子使用起来比较灵活好用，如图 3-11 所示。

5. 电工刀

如图 3-12 所示，电工刀是由钢性的刀头和镶有绝缘的刀柄组成，按长短不同分为大号、小号两种。在电动机修理工作中，用它可以制作槽楔儿，刮去导线上的绝缘层及裁制绝缘纸等。

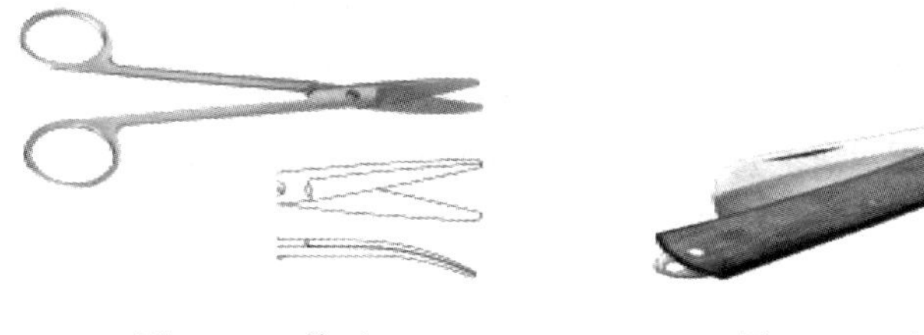

图 3-11　剪刀　　　　图 3-12　电工刀

二、交流绕组的制作

以一台交流电机 $Z=24$ 槽，$2p=4$ 极，节距 $y=5$ 槽的三相单层链式绕组为例，说明其交流绕组的制作。

1. 线圈的绕制和整理

根据原电动机线把周长数据制好绕线模。4 极 24 槽单层链式绕组每相绕组有 4 线圈，自己动手制作绕线模，绕制线把时留出 300mm 做首端或尾端，绕制方向顺、逆均可，在绕制过程中绕向不能变化（三相的绕向相同）。将每线圈两边用绑带绑好，从绕线模上卸下来，再将每线圈的过线端和两个线头分别绑上白布条，标上每线圈的代号。

2. 嵌线前的准备工作

按槽尺寸一次裁出 24 条引槽绝缘纸（比槽稍长、宽能包裹整个槽），放在一边待用，按原电动机相间绝缘纸的尺寸一次裁制 24 块相同绝缘纸叠放一旁。将做槽楔儿的材料和嵌线用的划线板、压脚、剪刀等工具放在定子旁，清除槽内杂物，擦干油污准备嵌线。

引槽绝缘纸的宽≈$\pi R+2H$，如图 3-13 所示。

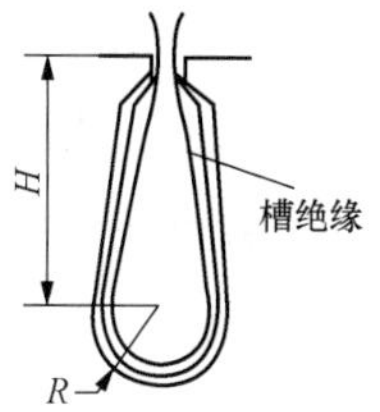

H
槽绝缘
R

图 3-13　槽绝缘大小的决定

3. 嵌线

嵌线就是把绕制好的线圈下到槽里去的过程。对一般小容量的电动机，其绕组线径小，匝数多，线圈需逐根嵌入槽中，所以称为散嵌线圈。散嵌线圈在嵌线时，有交叠法和整嵌法两种嵌线方法。

交叠法的嵌线特点是：一个线圈的有效边先嵌；另一个有效边暂时不能嵌入（称为吊边），只有当该槽下层边（对双层绕组）或前一槽沉边（对单层绕组）嵌入后，才能将该边嵌入。由于其端部线圈连接线呈交叠分布，故称为交叠法嵌线。主要用于双层绕组和大部分单层绕组中。

在实际嵌线中，并不是把A相绕组的线圈嵌在所对应的定子槽内，再嵌B、C两相绕组，而要考虑这个线圈压住了哪个线圈，它又被哪一个线圈压着。对于 q 为偶数的四、六极电机，常采用链式绕组，以节省端部用铜量。

单层链式绕组有两种嵌线方法，相应的嵌线基本规律为：每嵌好一槽向后退，空一槽再嵌一槽，吊把线圈的有效边数为 q，之后开始整嵌，使用完线圈后，再复边，见表3-1。

表3-1　单层链式24槽4极绕组交叠嵌线法嵌线顺序表

嵌线顺序	1	2	3	4	5	6	7	8	9	10	11	12
嵌入槽号	2	24	22	3	20	1	18	23	16	21	14	19
嵌线顺序	13	14	15	16	17	18	19	20	21	22	23	24
嵌入槽号	12	17	10	15	8	13	6	11	4	9	7	5

4. 接线

嵌线完毕，下一步就是把铁心中的这些绕组按一定规律连接起来，形成一个完整的三相绕组，这道工序叫作接线。

(1) 把单个绕组连接成线圈组

注意：连接这些绕组应想到该绕组是什么形式，必须清楚线圈组中的绕组个数后才能开始单个绕组的连接。

(2) 把线圈组连接成相绕组

1) 清楚哪些线圈组是属于同一相的；

2) 清楚这些线圈组之间的联结方式；

3) 清楚绕组的并联支路数、确定每条支路有几个线圈组，然后将线圈组串联成支路，再将支路并联成相绕组。

(3) 安排三相绕组的首、末端位置

三相绕组有3个首端和3个末端，它们直接与引出线连接，再由引出线穿过出线口接到接线盒内。为了接线方便，绕组的6个首、末端应尽量靠近出线口。

习题

1. 简述电机交流绕组制作的工具及其作用。

2. 简述电机交流绕组制作的步骤。

任务4　交流绕组的基波电动势

交流绕组在正弦磁场匀速切割下，将在交流绕组中感应交变的电动势。要描述清楚一个交变的电势应从四个方面着手：交变的频率、波形、有效值（即大小）及相位。

一、电势交变的频率

设电机有2p个极，磁场以nr/min旋转，则绕组电势频率（Hz）为

$$f=\frac{pn}{60}$$

二、电势交变的波形

由于一对极下磁密正弦分布（见图3-14），即$B=B_{\mathrm{m}}\sin\frac{\pi}{\tau}x$，且该磁场匀速切割交流绕组，即切割的速度$v=2p\tau\frac{n}{60}=2\tau f$为常数，则线圈有效边$l$感应的电动势为

$$e=Blv=lvB_{\mathrm{m}}\sin\frac{\pi}{\tau}x$$

式中，x为电机气隙任意一点到磁极中性线的距离，用电角度（弧度）表示为$\frac{\pi}{\tau}x$，如图3-15所示，因

$$x=vt=2\tau ft \tag{3-4}$$

则$e=2f\tau lB_{\mathrm{m}}\sin\omega t$，由此可知电势波形为正弦波。

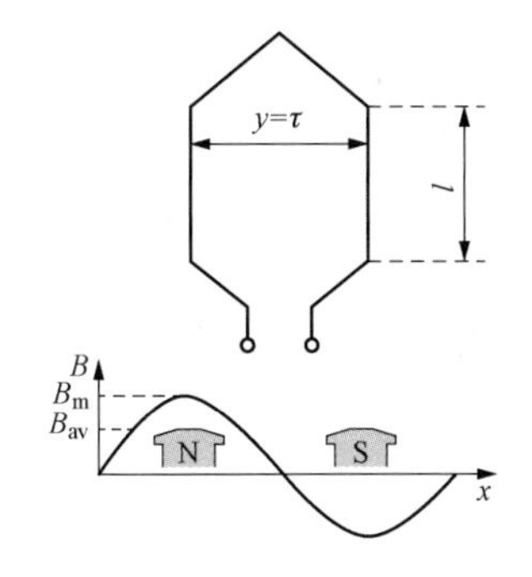

图3-14　一对极下磁密正弦分布

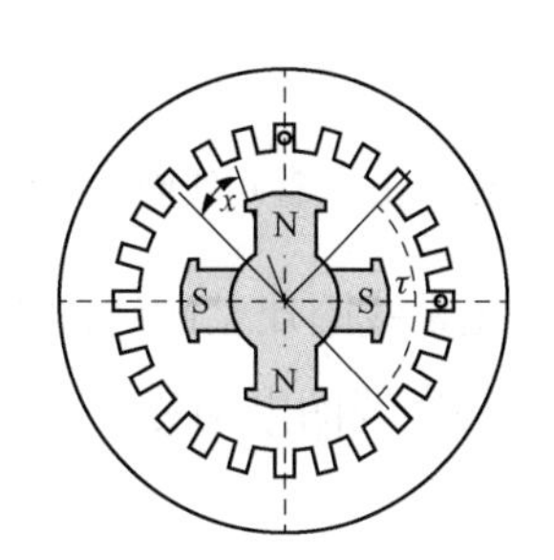

图3-15　气隙任意一点x

三、一相绕组电势的大小

1. 导体电动势

在正弦分布磁场下，一根导体感应电动势的波形为正弦波。由电磁感应定律，可推

导出一根导体基波电动势的有效值为

$$E_{c1}=\frac{2f\tau lB_m}{\sqrt{2}}=\frac{2}{\sqrt{2}}f\tau l\left(\frac{\pi}{2}B_{av}\right)=\frac{\pi}{\sqrt{2}}f\tau l\frac{\Phi_1}{\tau l}=2.22f\Phi_1 \tag{3-5}$$

式中，B_{av}为平均磁密；Φ_1 为每极基波磁通量。

2. 单匝整距线圈电动势

单匝整距线圈两有效边电动势大小相等，相位相差 180°（见图 3-16），即为

$$E_{t1(y=\tau)}=4.44f\Phi_1 \tag{3-6}$$

3. 单匝短距线圈电动势

单匝短距线圈的 $y<\tau$，两有效边的电动势大小相等，相位相差 $\gamma=\frac{y}{\tau}\times180°$，如图 3-17所示。

$$\begin{aligned}E_{t1(y<\tau)}&=2E_{c1}\cos\frac{180°-\gamma}{2}=2E_{c1}\sin\frac{y}{\tau}90°\\&=2E_{c1}K_{y1}=4.44fK_{y1}\Phi_1\end{aligned} \tag{3-7}$$

式中，$K_{y1}=\sin\frac{y}{\tau}90°$为短距系数。

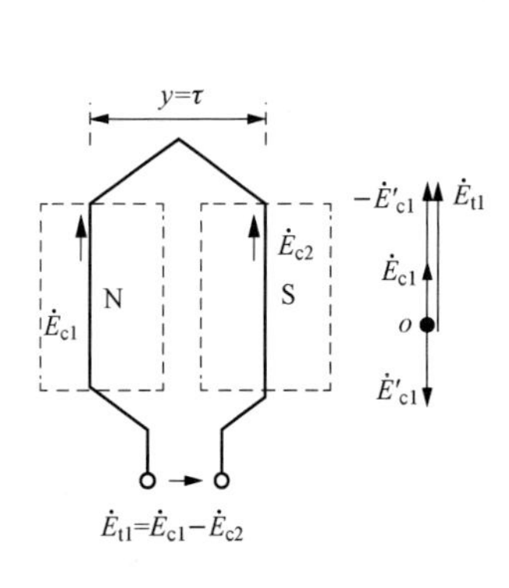

图 3-16　整距线圈电动势

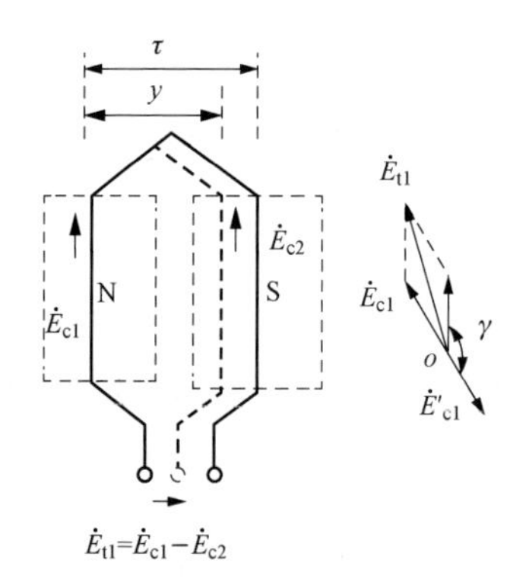

图 3-17　短距线圈电动势

物理意义：短距线圈比整距线圈电动势要小，K_{y1}即为折扣系数。

多匝（N_c）短距线圈电动势

$$E_{y1}=4.44fN_cK_{y1}\Phi_1 \tag{3-8}$$

4. 线圈组电动势

交流电机一般采用分布绕组，每个线圈组的 q 个线圈分布在相邻的槽中，其感应电动势相位互差 α 电角度，且大小相等。线圈组电动势 $\dot{E}_q$ 是 q 个线圈电动势的相量和。以 $q=3$ 为例进行分析，如图 3-18 所示，q 个线圈电动势相量和构成正多边形的一部分。设外接圆的半径为 R，圆心为 O，则由几何关系推得

$$E_{q1}=2R\sin\frac{q\alpha}{2}=2\frac{E_{y1}}{2\sin\frac{\alpha}{2}}\sin\frac{q\alpha}{2}=qE_{y1}\frac{\sin\frac{q\alpha}{2}}{q\sin\frac{\alpha}{2}}=qE_{y1}K_{q1} \tag{3-9}$$

式中，K_{q1}为分布系数 $K_{q1}=\dfrac{\sin\frac{q\alpha}{2}}{q\sin\frac{\alpha}{2}}$

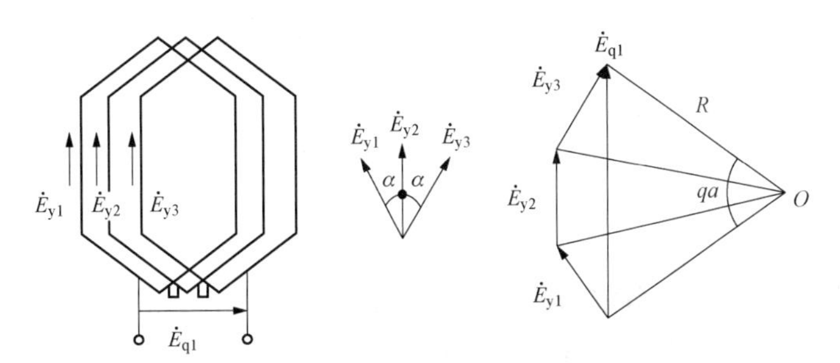

图 3-18 线圈组电动势

物理意义：分布绕组比集中绕组电动势要小，K_{q1}即为折扣系数。

$E_{q1}=4.44f(qN_C)K_{y1}K_{q1}\Phi_1$（单层）、$E_{q1}=4.44f(2qN_C)K_{y1}K_{q1}\Phi_1$（双层）。

5. 一相绕组电动势

以单层为例，每相 p 个线圈组，均分成 a 条并联支路，则一条支路电动势即为一相绕组的电动势 $E_{\varphi1}$。

$$E_{\varphi1}=\frac{p}{a}E_{q1}=4.44f\left(\frac{pq}{a}Nc\right)K_{y1}K_{q1}\Phi_1=4.44fNK_{w1}\Phi_1 \tag{3-10}$$

式中，N 为每相一条并联支路的串联总匝数，$N=\dfrac{pq}{a}N_C$（单层）、$N=\dfrac{2pq}{a}N_C$（双层）；K_{w1}为绕组系数。

NK_{w1}即绕组的有效匝数（相当于集中整距线圈的匝数，即短距分布的一相绕组可以等效为整距集中的线圈）。

四、相电动势与磁通的相位关系

图 3-19（a）说明，当绕组交链的磁通最大时，绕组感应电动势为零；图 3-19（b）说明，当绕组交链的磁通为零时，绕组感应电动势最大。说明感应电动势总是滞后于感应它的磁通 90°，因而有

$$\dot{E}_{\varphi1}=-\mathrm{j}4.44fNK_{w1}\dot{\Phi}_1 \tag{3-11}$$

线电动势 E 与三相绕组的接法有关，对于三相对称绕组，星形接法时，线电动势应

为相电动势的$\sqrt{3}$倍；三角形接法时，线电动势等于相电动势。

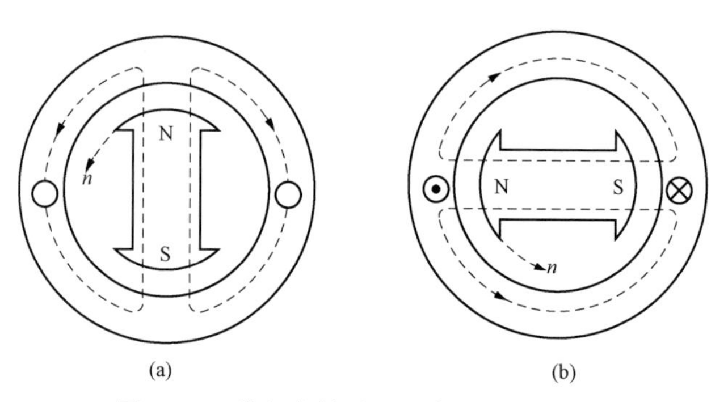

图 3-19　绕组交链磁通及感应电动势情况

习题

1. 试述短距系数和分布系数的物理意义，这两系数为什么总是小于或等于 1?
2. 交流发电机定子槽内导体感应电动势的频率、波形及大小分别与哪些因素有关?

任务5　交流绕组的磁动势

交流电机的交流绕组沿定子内圆空间分布，在正常工作时，有交流电流流过，会在绕组中产生磁动势，本节仅定性分析交流绕组的基波磁动势的性质。

一、单相绕组基波磁动势——脉振磁动势

1. 整距线圈（N_c 匝）基波磁动势

设一台气隙均匀的两极电机，其中一个整距线圈通入正弦交流电流 i_c，在某瞬间磁场分布如图 3-20 所示。

根据安培环路定律，当忽略铁心上的磁压降（铁心磁阻很小）时，由于气隙均匀，所以作用在每段气隙的磁动势为$\frac{1}{2}N_c i_c$，其波形如图 3-21 所示，为矩形波。

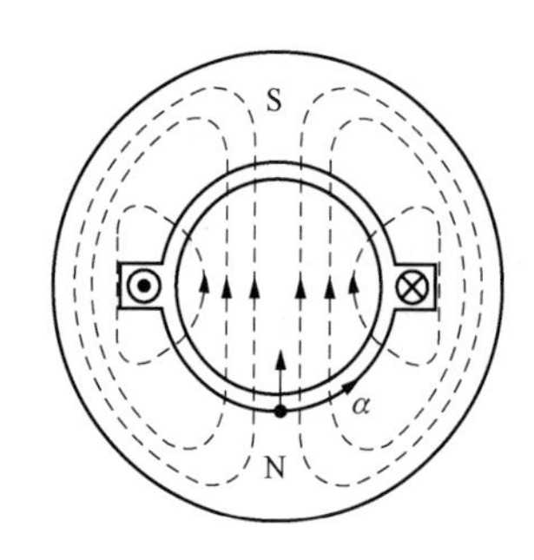

图 3-20　磁场的分布

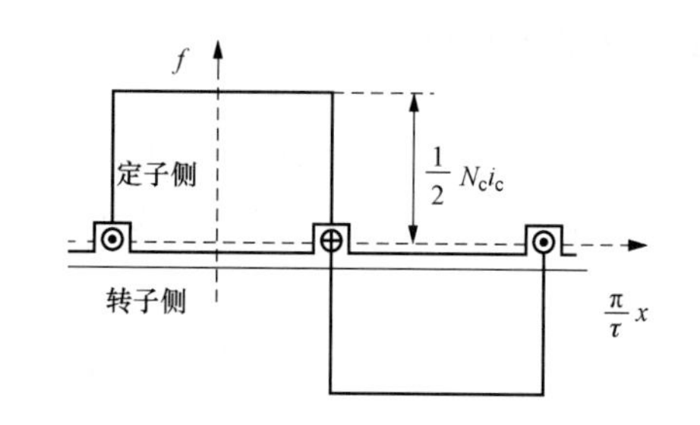

图 3-21　气隙磁动势波形（气隙展开图）

设 $i_c=\sqrt{2}I_c\cos\omega t$，则线圈在气隙中产生的磁动势为

$$f_c=\frac{\sqrt{2}}{2}N_cI_c\cos\omega t \tag{3-12}$$

说明磁动势矩形波的幅值随时间按余弦规律变化，但磁动势在空间的位置保持不变，这种空间位置固定不变，幅值大小和方向随时间变化的磁动势，称为脉振磁动势。

空间按矩形波分布的脉振磁动势，其幅值又是随时间按余弦规律变化的，可应用傅氏级数分解为基波及一系列高次谐波，如图3-22所示。

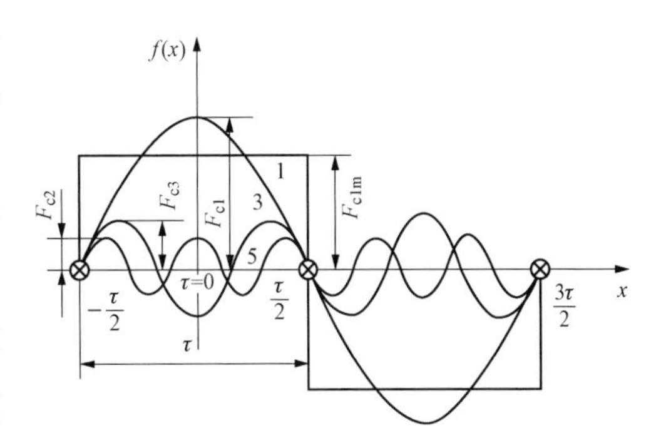

图3-22 矩形波磁动势的分解

基波分量磁动势为

$$f_{c1}(x,t)=\frac{\pi}{4}\times\frac{\sqrt{2}}{2}N_cI_c\cos\omega t\cos\frac{\pi}{\tau}x=F_{c1m}\cos\omega t\cos\frac{\pi}{\tau}x \tag{3-13}$$

式中，F_{c1m} 为基波磁动势最大幅值，$F_{c1m}=0.9N_cI_c$。

2. 单相绕组基波磁动势

单相绕组可等效成集中整距的绕组，其等效匝数为 aNK_{w1}，产生 p 对极，每对极分到的匝数为 $\frac{aNK_{w1}}{p}$，则单相绕组基波磁动势幅值为 $F_{\varphi1}=0.9\frac{aNK_{w1}}{p}I_c$

一般已知相电流 I，每相分成 a 条并联支路，则流过线圈的电流 $I_c=\frac{I}{a}$，可得

$$F_{\varphi1}=0.9\frac{NK_{w1}}{p}I \tag{3-14}$$

其瞬时值表达式为

$$f_{\varphi1}(x,t)=F_{\varphi1}\cos\omega t\cos\frac{\pi}{\tau}x \tag{3-15}$$

单相基波脉振磁动势基波幅值位于绕组轴线上，大小和方向随电流变化而变化，在一对极内，同一瞬间，气隙各点磁动势呈余弦分布。

二、三相绕组基波磁动势——旋转磁动势

三相对称电流（见图3-23）通入三相对称绕组（每相绕组等效成一个整距线圈，见图3-24），产生的合成基波磁动势是一个旋转的磁动势。

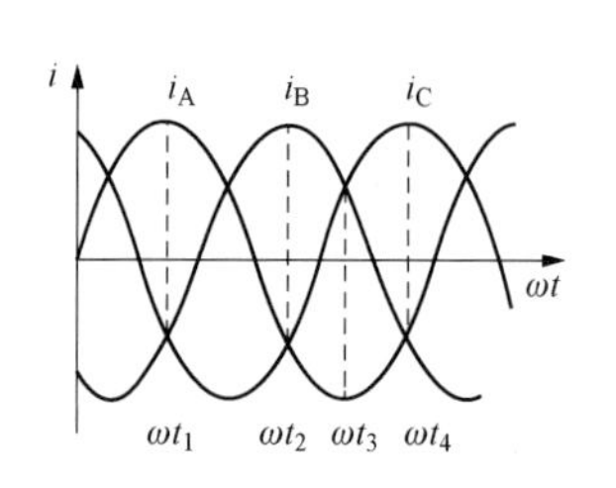

图 3-23　三相对称电流

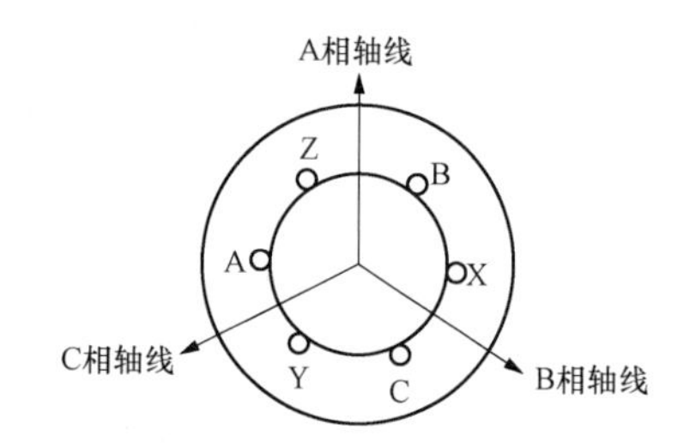

图 3-24　三相对称绕组

1. 基波磁动势分析过程

通常用图解法说明合成基波磁动势是一个旋转的磁动势。

假定电流为正时，由尾端流进，首端流出；电流为负时，由首端流进，尾端流出。

（1）ωt_1 瞬间

A 相电流达到正的最大值，此时 $i_B=i_C=-\frac{1}{2}i_A$，合成基波磁动势 F_1 的幅值位于 A 相绕组的正半轴线上，大小为 $F_1=\frac{3}{2}F_{\varphi1}$，如图 3-25（a）所示。

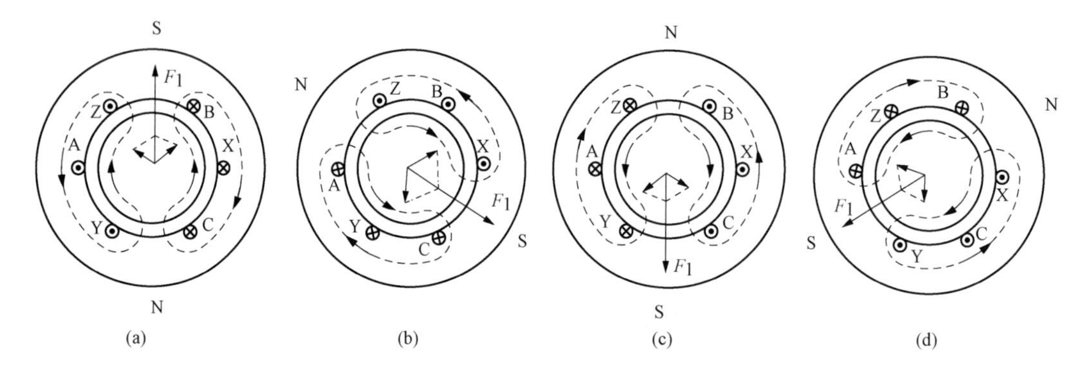

图 3-25　三相绕组基波磁动势的图解合成

（a）ωt_1：A 相电流最大；（b）ωt_2：B 相电流最大；（c）ωt_3：A 相电流负最大；（d）ωt_4：C 相电流最大

（2）ωt_2 瞬间

B 相电流达到正的最大值，此时 $i_C=i_A=-\frac{1}{2}i_B$，合成基波磁动势 F_1 的幅值位于 B 相绕组的正半轴线上，大小为 $F_1=\frac{3}{2}F_{\varphi1}$，如图 3-25（b）所示。

（3）ωt_3 瞬间

A 相电流达到负的最大值，此时 $i_B=i_C=-\frac{1}{2}i_A$，合成基波磁动势 F_1 的幅值位于 A 相绕组的负半轴线上，大小为 $F_1=\frac{3}{2}F_{\varphi1}$，如图 3-25（c）所示。

（4）ωt_4 瞬间

C相电流达到正的最大值，此时 $i_B=i_A=-\frac{1}{2}i_C$，合成基波磁动势 F_1 的幅值位于C相绕组的正半轴线上，大小为 $F_1=\frac{3}{2}F_{\varphi1}$，如图3-25（d）所示。

2. 旋转磁动势的特点

通过图解法分析可知：三相对称绕组通入三相对称电流，产生的合成基波磁动势为旋转的磁动势，其特点包括：

（1）位置

哪相电流最大，则合成基波磁动势的幅值就位于该相绕组的轴线上。

（2）转向

由超前相的轴线转向滞后相的轴线，即在绕组排列确定的情况下，转向由通入电流的相序决定。

（3）转速 n_1

电流变化一周，则三相合成基波磁动势转过360°空间电角度，即转过$\frac{360°}{p}$机械角，也就是$\frac{1}{p}$转，电流一分钟交变 $60f_1$ 周，所以旋转磁场的转速 $n_1=\frac{60f_1}{p}$(r/min)。

（4）大小

$F_1=\frac{3}{2}F_{\varphi1}=1.35\frac{NK_{w1}}{p}I$。合成基波磁动势的幅值大小恒定不变，所以称其为圆形旋转磁场。

此结论可以推广：m 相对称绕组通入 m 相对称电流，产生的合成基波磁动势为圆形旋转的磁动势（$m\geqslant2$）。产生旋转磁场（椭圆形）的最低要求：两套绕组轴线不重合，流过它们的电流不同相。

习题

1. 一台50Hz交流电机，今通入60Hz的三相对称交流电流，设电流大小不变，问此时基波合成磁动势的幅值大小、转速和转向如何变化？

2. 简述脉振磁动势的特点。

3. 简述三相对称绕组通入对称电流，产生的合成磁动势的特点。

项目4　异　步　电　机

任务1　异步电动机的基本认知

异步电机是交流旋转电机的一种，主要用作电动机，也可用作发电机。三相异步电动机在工农业生产和日常生活中都获得广泛应用。在电网负荷中，异步电动机用电量约占60%以上。异步电动机定子通电流，转子电流是通过电磁感应而来，因此也称为感应电动机。异步电动机与其他电动机相比，具有结构简单、坚固耐用、制造容易等优点。异步电机也可以用于发电，譬如风力发电就是使用异步发电机。

一、三相异步电动机的基本工作原理

三相异步电动机主要由定子和转子两部分组成。定子铁心嵌有三相对称绕组，而转子是一个自身短接的多相绕组，其原理如图4-1所示，定子相当于旋转的磁极，转子是闭合线圈。

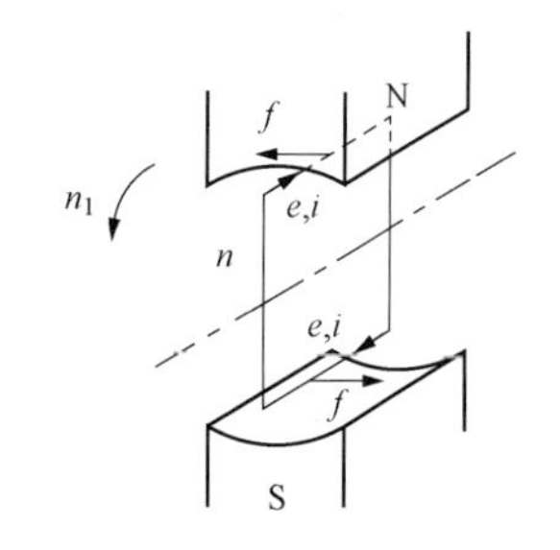

图4-1　电磁转矩的产生

1. 定子磁场的建立

即电生磁。在定子三相对称绕组通入三相对称电流，产生一个以同步转速、转向与相序一致的圆形旋转磁场。

2. 转子绕组中的感应电流

即磁生电。该旋转磁场切割转子绕组，在转子绕组中感应电动势，由于转子绕组自身闭合，所以转子绕组中便有电流流过。

3. 电磁转矩的产生

即电磁力。只要转子绕组中有电流且处在磁场中，就会受到力的作用。

由右手发电机定则可确定转子绕组电动势的方向，同时可以确定电流的方向。由左手电动机定则可确定转子各导体的受力方向，它们对转轴形成电磁转矩，其方向与旋转磁场方向同向，即与相序方向一致。电磁转矩驱动转子运动，从而实现电能与机械能之间的能量转换，如图4-2所示。

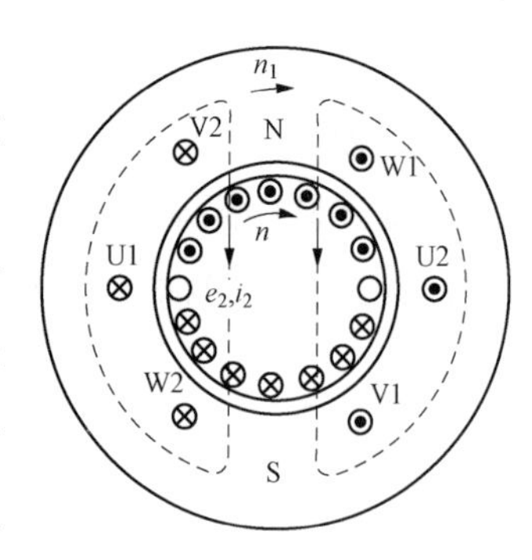

图4-2　异步电动机工作原理图

二、转差率

异步电动机转速 n 不可以长期稳定在旋转磁场 n_1 转速下运行。如果异步电机转子转速等于气隙磁场同步转速，那么转子上就不会有感应电动势及其感应电流，同时也不会有电磁转矩作用，那么也就不能进行电能和机械能转换。而旋转电机实际上就是电能与机械能之间能量转换的设备。异步电机名称中的“异步”也是由此而来的。因此，n 与 n_1 之间总存在差异，n_1 与 n 的差值称为转差，用 Δn 表示，即 $\Delta n = n_1 - n$。将转差 Δn 对磁场同步转速 n_1 的比值称为转差率，用 s 表示，即

$$s = \frac{n_1 - n}{n_1} \tag{4-1}$$

转差率是异步电机运行时的一个重要变量。当电机负载变化时，转差率也随之变化，使得转子导体中的电动势和电流改变，以产生驱动的电磁转矩来适应负载转矩的变化。

三、异步电机的三种运行状态

按照转差率的正负和大小，异步电机可分为电动机、发电机和电磁制动三种运行状态。可从电磁转矩与转速的方向和感应电动势与电流的方向判断电机运行状态。若电磁转矩与转速方向相同，则吸收电能；反之，则发出电能。若电动势与电流方向相同，则发出电能；反之，则吸收电能。现假设气隙中有如图 4-3 所示的顺时针方向旋转且同步转速为 n_1 的旋转磁场，根据转子转速的方向和大小分析电机运行状态。

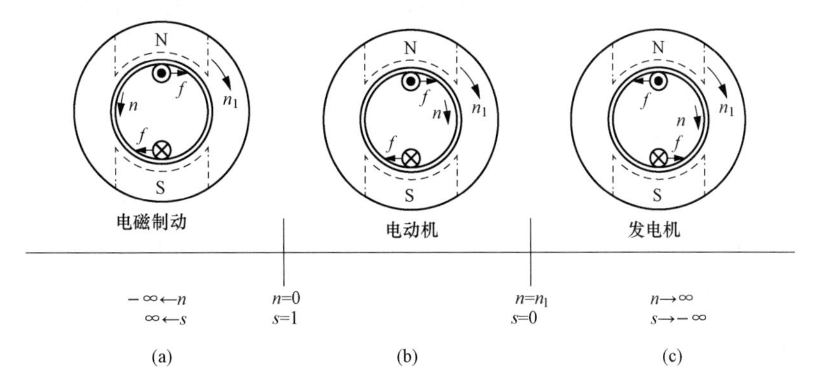

图 4-3 异步电动机三种运行状态示意图

(a) 电磁制动运行状态；(b) 电动机运行状态；(c) 发电机运行状态

1. 电动机运行状态

如图 4-3（b）所示，当转子转速为顺时针方向且小于同步转速时，即 $n_1 > n > 0$ 或 $0 < s < 1$ 时，由右手发电机定则判断定、转子感应电动势方向指向外，转子有功电流与转子电动势同相也指向外，再根据左手电动机定则，确定转子导体电磁转矩方向为顺时针

方向，即为驱动性质转矩，那么将吸收电能，同时可以转化为机械能。从定子侧看，与变压器一样，定、转子之间存在磁动势平衡关系，当转子有电流时，定子电流会增加负载电流，且方向与转子电流方向相反（指向里），即与定子电动势方向相反，也为吸收电能。说明定子绕组从电网吸收电功率到转子轴上输出机械功率。正常电动机运行时，异步电动机转差率很小，一般在0.01～0.06之间，空载时，转差率基本为零。

2. 发电机运行状态

如图4-3（c）所示，当转子转速顺时针方向且大于同步转速时，即$n>n_1$或$s<0$时，定子感应电动势方向还是指向外，但是转子感应电动势方向指向里，转子有功电流方向也是指向里，那么转子导体电磁转矩方向为逆时针方向，即为阻碍性质转矩，那么将发出电能，稳定运行必须要原动机拖动转子转动即吸收机械功率。从定子侧看，根据磁动势平衡，定子电流与转子电流相反，即与定子感应电动势方向相同，为发出电能。说明从转子轴上吸收机械功率传输到定子上输出电功率。

3. 电磁制动状态

如图4-3（a）所示，当转子转速为逆时针方向时，即$n<0$或$s>1$时，定、转子感应电动势方向相同，转子电流有功分量方向指向外，电磁转矩方向为顺时针方向，即为阻碍性质转矩，那么是吸收机械功率来维持转子转动。从定子侧看，定子感应电动势方向与电流方向相反，是吸收电能。这种既从转子轴上吸收电磁功率又从定子绕组吸收电功率的状态称为电磁制动状态。这也是异步电机所具有与其他类型电机不同的状态。从定子绕组吸收电功率和从转子轴上吸收机械功率，都转化为电机内部损耗或者电机转子本身的动能等。

四、三相异步电动机的结构

异步电动机按定子绕组相数，可分为单相异步电动机和三相异步电动机；按转子绕组结构，可分为鼠笼式异步电动机和绕线式异步电动机；按工作定额不同，从发热角度出发可分为连续定额、短时定额和断续周期工作定额，还可以按防护类型、冷却方式和电动机尺寸等进行分类。

异步电动机和所有旋转电机一样主要由两部分组成。固定部分称为定子，旋转部分称为转子。在定子和转子之间的小间隙称为气隙。为了减少异步电动机的励磁电流和提高电机的功率因数，异步电动机的气隙比同步电动机气隙要小得多，一般为0.2～2mm。三相鼠笼式异步电动机结构如图4-4所示。

1. 异步电动机的定子

定子部分由定子铁心、定子绕组、机座和端盖等组成。

定子铁心是电机磁路的一部分，为了减少铁心中由交变磁场引起的涡流和磁滞损耗，铁心材料选用0.5mm厚的硅钢片叠成。外径在1m以下的中、小型电动机，一般采用整圆冲片。当外径大于1m时，则用扇形冲片拼成圆形。容量大于10kW的电动机，冲片两面应涂有绝缘漆以减少铁心损耗。对中、大型电动机，为了提高铁心中间部分冷却效果，沿轴向每隔40～50mm留有径向通风沟。

图4-4　三相鼠笼异步电动机结构图

定子绕组内圆均匀冲出许多形状相同的槽，用以嵌放定子绕组。由于电动机容量大小和电压等级的不同，定子绕组可分为散嵌绕组和成型绕组两种形式。小型异步电动机的绕组为高强度漆包线绕制后经槽口分散嵌入槽中的散嵌绕组。3000V以上高压中型和大型电动机的绕组为整只嵌放的成型绕组。定子绕组是异步电动机的电路组成部分，其材料主要采用紫铜。

定子机座主要是用来固定和支撑定子铁心，并通过机座的底脚将电机安装固定。全封闭式电动机的铁心紧贴机座内壁，因此机座外壳上的散热筋是电动机的主要散热面。中、小型异步电动机采用铸铁机座。大型电动机一般采用钢板焊接机座，此时机座内表面与定子铁心适当隔开并形成空腔，作为冷却空气的通道。

2. 异步电动机的转子

异步电动机的转子由转子铁心、转子绕组和转轴等组成。转子铁心也是电动机磁路组成部分。铁心材料也用0.5mm厚的硅钢片叠成。铁心与转轴之间必须可靠连接以传递转矩。中、大型电动机，根据通风冷却要求，常设有径向通风槽。转子铁心外圆也均匀冲出转子槽以供嵌放或浇铸转子绕组。转子绕组的作用是感应电动势和电流并产生电磁转矩。根据转子绕组结构的不同，可分为鼠笼式和绕线式两种。

（1）鼠笼式转子绕组

鼠笼式转子的转子绕组是在转子铁心的每一个槽中，插入一根裸铜导条，并在转子铁心两端槽口外用两个端环将全部导条短接，形成一个自身闭合的多相闭合绕组，如果将转子铁心去掉，整个转子绕组的外形像一个松鼠笼子，故称为鼠笼式转子，如图4-5所示。鼠笼式转子有铸铝或将铜导条与端环焊接的两种结构。铸铝笼型转子结构简单，制造方便。转子导条、端环和风扇叶片一起铸出，它广泛用于小型电机和直径在600mm以下中型电机。焊接鼠笼式转子常用于大型和部分中型电机。

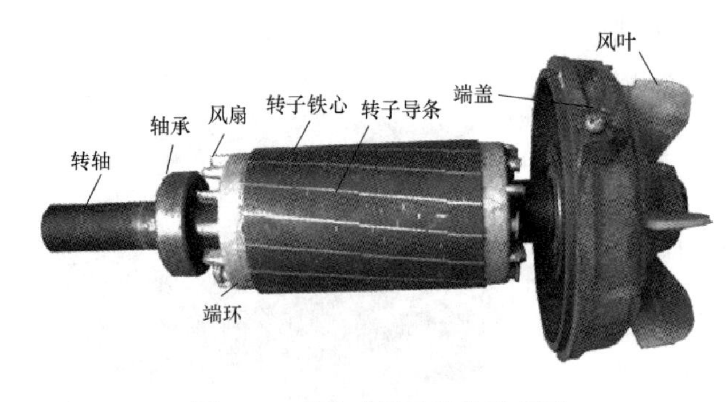

图 4-5　鼠笼式转子结构示意图

(2) 绕线式转子绕组

绕线式转子绕组常采用三相散嵌绕组并接成星形，其出线端分别与三个彼此绝缘的集电环或滑环连接。然后通过电刷接到附加电阻，如图 4-6 所示。采用绕线式转子的目的在于转子回路能够串入电阻以改善异步电动机的起动和调速性能。但是与鼠笼式转子相比较，绕线式转子造价高，制造工艺和维修较复杂。因此，仅用于要求起动转矩大、起动电流小和需要调速的场合。为了减少电刷磨损和摩擦损耗，绕线式异步电动机有时还装有提刷短路装置，在电动机起动完毕而又不需调速时，可将电刷提起并同时将三个滑环短接。

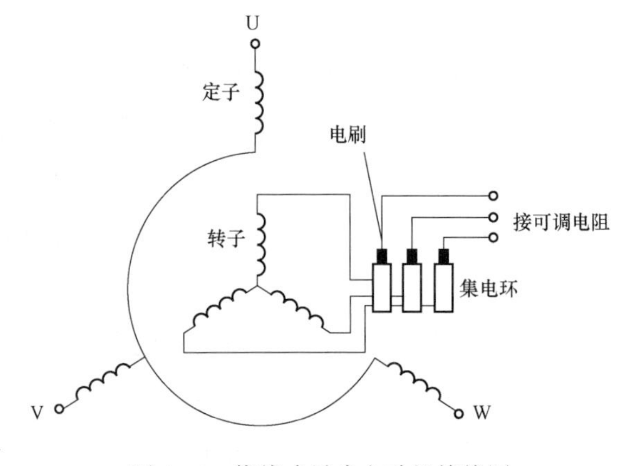

图 4-6　绕线式异步电动机接线图

五、异步电动机的铭牌

异步电动机的铭牌上标有额定值和有关技术数据，其数据如下。

1. 额定功率 P_N

额定功率指电动机额定运行时，由轴端输出的机械功率，单位为 W 或 kW。

2. 额定电压 U_N

额定电压指电动机额定运行时，加在定子绕组上的线电压，其单位为 V 或 kV。

3. 额定电流 I_N

额定电流指电动机额定运行时，定子绕组流过的线电流，同时也是电动机长期运行所不允许超过的最大电流，单位为 A。

4. 额定频率 f_N

额定频率指电动机额定运行时，定子绕组应接电源的频率，我国电网规定的工频是 50Hz。

5. 额定转速 n_N

额定转速指电动机在额定电压、额定频率和额定功率输出时，转子的转速，其单位为 r/min。

6. 额定功率因数 $\cos\varphi_N$

中小型异步电动机的额定功率因数一般为 0.8 左右。

7. 额定效率 η_N

中小型异步电动机的额定效率一般为 0.9 左右。三相异步电动机额定值的关系为

$$P_N = \sqrt{3} U_N I_N \eta_N \cos\varphi_N \tag{4-2}$$

8. 定子绕组接法

三相异步电动机定子绕组的联结方式，有 Y（星形）联结和△（三角形）联结两种，使用时应按铭牌规定连接。国产 Y 系列的异步电动机，额定功率 4kW 及以上均采用三角形接线，以便采用 Y—△起动法起动。异步电动机三相绕组共 6 个首末端都引入到电动机机座的接线盒中，首端用 U1，V1，W1 标志，末端用 U2，V2，W2 标志。星形、三角形接线如图 4-7 所示。

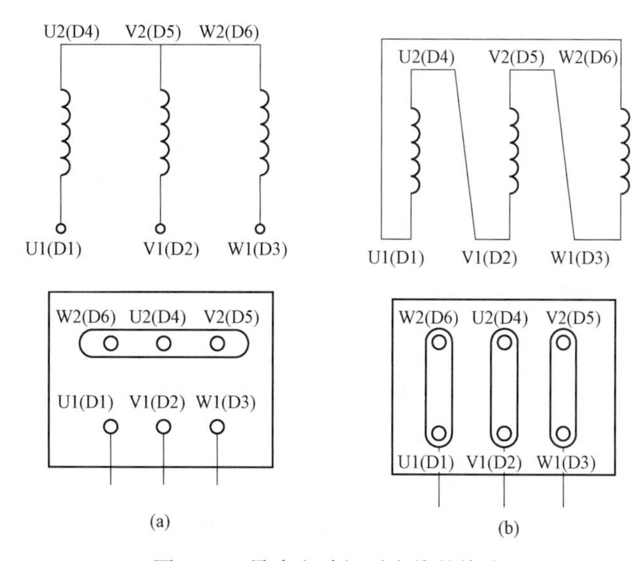

图 4-7　异步电动机引出线的接法

（a）星形接法；（b）三角形接法

9. 工作方式

电动机的工作方式又称为工作制或工作定额，即按照发热情况来确定工作方式：电动机工作时间较长，温升可以达到稳定值，为连续工作方式，也称长期工作方式；电动机工作与停歇交替进行，时间都比较短，工作时温升达不到一个稳定值，停歇时温升又降不到零，为断续周期工作方式，也称重复短时方式；电动机工作时间较短，停歇时间较长，工作时温升达不到一个稳定值，而停歇后温升降为零，即电动机温度等于环境温度，为短时工作方式。可见，连续工作方式电机可作为断续周期工作方式，断续周期工作方式可作为短时工作方式，反过来则不行，否则电动机会超过允许的温升，缩短其使

用寿命。

三相异步电动机铭牌上还标出绝缘等级、温升、防护等级和型号等。对绕线式异步电动机还标明转子绕组的接线方式、转子电压（转子开路而定子加额定电压时所测得滑环间的电压）和额定运行时的转子绕组电流等。

习题

1. 简述三相异步电动机的基本工作原理。

2. 怎样改变三相异步电动机的转向，并简述理由。

3. 为什么异步电动机转子转速始终低于同步转速？

4. 一台 $P_N=4.5kW$、Yd 接线、380V/220V、$\cos\phi_N=0.8$、$\eta_N=0.8$、$n_N=1460r/min$ 的三相异步电动机，试求：

（1）接成星形和三角形时的额定电流；

（2）同步转速及定子磁极对数；

（3）带额定负载时的转差率。

任务 2　三相异步电动机的运行原理

异步电动机的功率传递也是借助于电磁感应原理将定子的能量传递到转子，从工作原理上看和变压器一、二次绕组的电磁关系有相似之处，定子绕组相当于变压器的一次绕组，转子绕组相当于变压器的二次绕组。根据这种相似性，以变压器运行原理为基础，分析异步电动机在空载和负载时的物理情况。当然，由于异步电动机在结构及能量转换的方式上均不同于变压器，所以在分析过程中，既要看到异步电动机与变压器的分析方法有相同的一面，也要看到两者之间存在本质上的差别。

由于三相异步电动机定子、转子绕组都是对称的，在正常运行时各相发生的电磁过程完全相同，因此分析时只需讨论其中一相的电动势、磁动势的平衡关系、等效电路和相量图。

一、三相异步电动机运行时的电磁关系

1. 气隙旋转磁动势

气隙旋转磁动势由定子旋转磁动势和转子旋转磁动势合成。无论是同步电机还是异步电机，定子旋转磁动势和转子旋转磁动势都是相对静止的，这也是旋转电机稳定运行的必要条件。对于异步电动机稳态而言，假设定子旋转磁动势转速方向为参考方向，定子旋转磁动势相对定子转速为

$$n_1 = \frac{60f_1}{p} \tag{4-3}$$

转子旋转磁动势相对于定子的转速等于转子旋转磁动势相对于转子的转速加上转子转速，即

$$n_2 = \Delta n_2 + n \tag{4-4}$$

转子旋转磁动势相对于转子转速与转子电流频率和极对数有关，其方向与切割方向一致，即

$$\Delta n_2 = \frac{60f_2}{p} \tag{4-5}$$

转子电流频率与切割转速和极对数有关。旋转磁场切割转子导条转速等于定子旋转磁动势转速减去转子转速，即

$$f_2 = \frac{p(n_1 - n)}{60} = \frac{p\Delta n}{60} \tag{4-6}$$

把式（4-6）代入式（4-5）并代入式（4-4），可得

$$n_2 = n + \Delta n = n_1 \tag{4-7}$$

从式（4-7）可知，稳定运行时，定子旋转磁动势转速与转子旋转磁动势转速相等，这里的相等不仅指大小相等，方向也相等，所以定子旋转磁动势与转子旋转磁动势相对静止，其合成磁动势为气隙旋转磁动势。

气隙旋转磁动势同时在定子绕组和转子绕组的磁路中产生磁通，称为主磁通，用 $\dot{\phi}$ 表示。定子绕组磁路中磁通 $\dot{\phi}_1$ 除了主磁通 $\dot{\phi}$ 外，还有定子旋转磁动势仅仅在定子绕组磁路部分产生的磁通，称为定子绕组漏磁通，用 $\dot{\phi}_{1\sigma}$表示。转子绕组磁路中磁通 $\dot{\phi}_2$ 除了主磁通 $\dot{\phi}$ 外，还包括转子旋转磁动势仅仅在转子绕组磁路部分产生的磁通，称为转子绕组漏磁通，用 $\dot{\phi}_{2\sigma}$表示。

2. 定子和转子回路电压平衡方程

异步电动机转子静止时，异步电动机内部的电磁关系与变压器非常相似，定子和转子通过主磁通耦合起来，进行能量传递。不同之处主要是变压器主磁通不是运动的，而异步电动机主磁通是运动的。异步电动机转子静止发生在两种情况中：一种是刚接通电动机电源瞬间，另一种是运行中过载或低电压引起转子停转情况，也称为堵转。取定子一相回路和转子对应的一个闭合回路，转子静止时，定、转子绕组回路等效电路如图4-8所示。

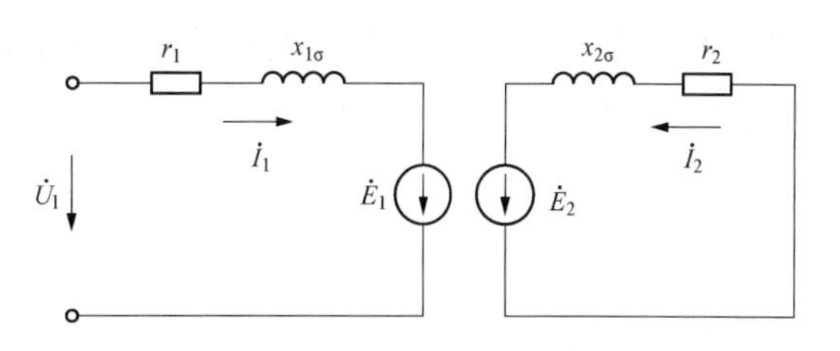

图4-8 转子静止时定、转子回路等效电路

气隙中主磁通在定子绕组和转子绕

组分别感应出定子电动势 $\dot{E}_1$ 和转子电动势 $\dot{E}_2$，两者电动势频率一样都是 f_1，所以两者回路频率也都是 f_1。根据变压器情况，定子漏磁通变化对应的定子漏电动势 $\dot{E}_{1\sigma}$仅与定子电流 $\dot{I}_1$有关，转子漏磁通变化对应的转子漏电动势 $\dot{E}_{2\sigma}$仅与转子电流 $\dot{I}_2$有关。且根据同步电机漏电抗知识可知

$$\dot{E}_{1\sigma}=-\mathrm{j}\dot{I}_1x_{1\sigma} \tag{4-8}$$

$$\dot{E}_{2\sigma}=-\mathrm{j}\dot{I}_2x_{2\sigma} \tag{4-9}$$

式中，$x_{1\sigma}$为定子绕组漏电抗；$x_{2\sigma}$为转子绕组静止漏电抗。

当异步电动机转子转动时，定子回路的频率是 f_1，转子回路的频率是 f_2，即

$$f_2=\frac{p(n_1-n)}{60}=\frac{n_1-n}{n_1}\frac{pn_1}{60}=sf_1 \tag{4-10}$$

在主磁通相同情况下，转子转动时的转子电动势有效值 E_{2s}和转子静止时的转子电动势有效值 E_2 关系为

$$E_{2s}=4.44f_2N_2k_{N2}\phi_m=4.44sf_1N_2k_{N2}\phi_m=sE_2 \tag{4-11}$$

同理，可得转子转动时转子漏电抗与转子静止时转子漏电抗关系为

$$x_{2\sigma s}=2\pi f_2L_{2_\sigma}=2\pi sf_1L_{2\sigma}=sx_{2\sigma} \tag{4-12}$$

转子转动时定、转子绕组回路等效电路如图 4-9 所示。根据基尔霍夫电压定律可得转子转动后的定、转子电压平衡方程为

$$\dot{U}_1=-\dot{E}_1+\dot{I}_1(r_1+\mathrm{j}x_{1\sigma}) \tag{4-13}$$

$$\dot{E}_{2s}-\dot{I}_{2s}(r_2+\mathrm{j}x_{2\sigma s})=0 \tag{4-14}$$

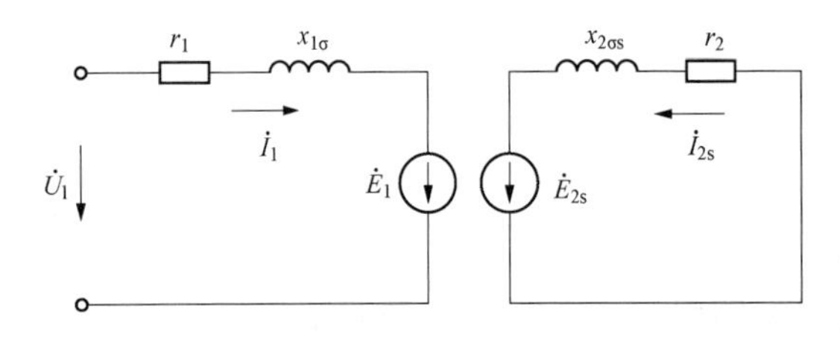

图 4-9　转子转动时定、转子回路等效电路

二、折算

由于异步电动机定、转子间的电磁关系大体上与变压器的一、二次侧电磁关系相似，所以，可以采用分析变压器时的做法，通过折算，将定、转子电路连成统一的电路。但应注意，变压器一、二次侧电路的频率是相同的，可直接进行绕组折算；而异步电动机定、转子电路频率是不相同的，显然不能连在一起，因此异步电动机的折算应先进行频率的折算。

1. 频率折算

所谓频率折算，实质就是用一个等效的静止转子来代替实际旋转的转子，使转子回路的频率与定子回路的频率相同。折算前、后要保持定子与转子间的电磁关系不变，即转子旋转磁动势不变。转子磁动势来源于转子电流，也就是保持转子电流相对关系

不变。折算前、后转子电流有效值不变，转子电流相位相对定子不变，可以认为是相等，即

$$\dot{I}_{2s}=\dot{I}_2 \tag{4-15}$$

折算前、后转子电动势有效值和漏抗关系分别见式（4-11）和式（4-12）。折算前、后转子电动势相位相对定子不变。转子电阻折算前、后认为不变。把折算前、后各量关系式代入折算前转子回路电压平衡方程式（4-14），可得频率折算后转子回路电压平衡方程，即

$$\dot{I}_2=\frac{s\dot{E}_2}{r_2+\mathrm{j}sx_{2\sigma}}=\frac{\dot{E}}{r_2+\mathrm{j}x_{2\sigma}+\frac{1-s}{s}r_2} \tag{4-16}$$

若使用式（4-16）代替转子实际回路，则转子回路频率和定子回路频率就是一样的，就可以和定子回路构成一个整体。转子频率折算后定、转子绕组回路等效电路如图4-10所示。频率折算后转子回路多了一项电阻$\frac{1-s}{s}r_2$，这个电阻并不是实际的电阻，而是一个等效电阻，它并不是表示电能和热能之间的转换，而是电能与机械能之间的转换。

2. 绕组折算

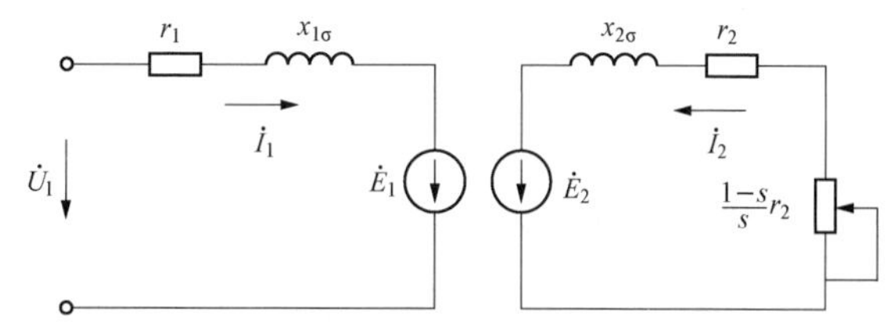

图4-10 频率折算后定、转子回路等效电路

异步电机绕组折算与变压器绕组折算相似。所谓绕组折算，是指用一个和定子绕组具有同样相数m_1、匝数N_1和绕组系数k_{N1}的等效转子绕组，去代替原来具有相数m_2、匝数N_2和绕组系数k_{N2}的实际转子绕组。折算条件是保持折算前、后电机内部的电磁关系不变。由于转子对定子的影响是通过转子磁动势来实现的，所以折算前、后转子磁动势应保持不变，转子绕组各部分功率不变。折算后转子电动势等于定子电动势，采用变压器折算的办法，可以把定、转子回路都画在一个电路里了，形成异步电机等效电路。

将转子侧各物理量折算到定子侧时，转子电动势或电压乘以电压比k_e；转子电流除以电流比k_i；转子电阻和电抗乘以$k_e k_i$，其中$k_e=\frac{N_1 k_{W1}}{N_2 k_{W2}}$，$k_i=\frac{m_1 N_1 k_{W1}}{m_2 N_2 k_{W2}}$。频率折算和绕组折算后，定、转子绕组回路等效电路如图4-11所示。

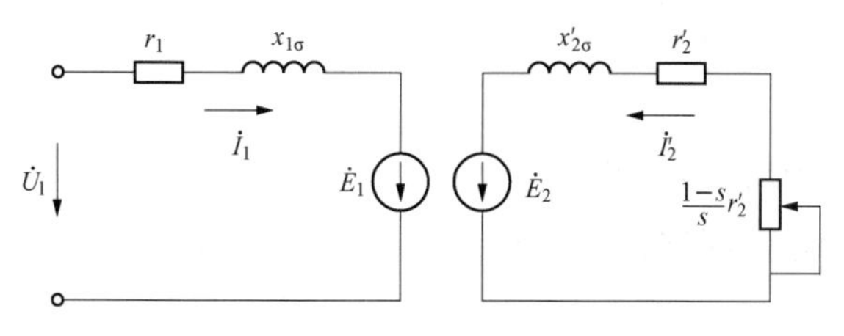

图4-11 频率和绕组折算后定、转子回路等效电路示意图

三、等效电路

与变压器等效电路一样，折算后可以得出异步电动机 T 形等效电路，如图 4－12 所示。由于异步电动机 T 形等效电路是并串联混合电路，计算比较麻烦，在实际应用中，考虑到励磁电抗很大，励磁电流很小，常将 T 形等效电路的励磁支路前移，使电路简化为并联电路，如图 4－13 所示，该电路称为简化等效电路。

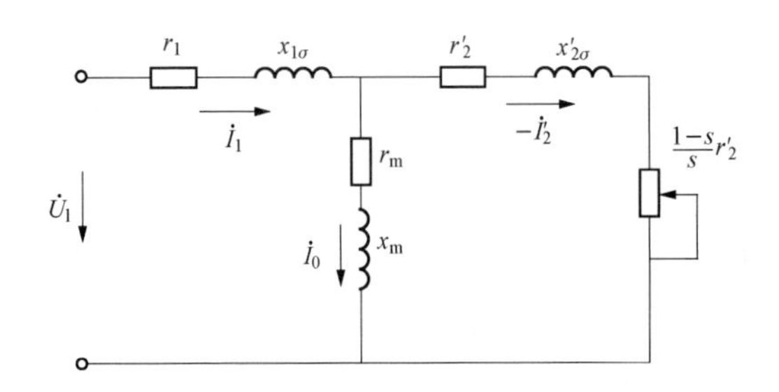

图 4－12　异步电动机 T 形等效电路图

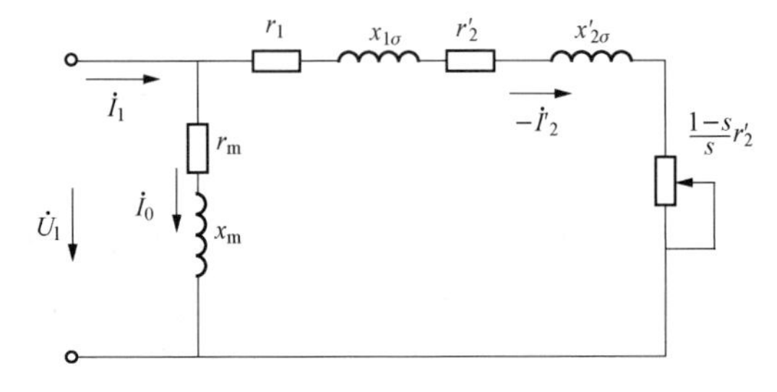

图 4－13　异步电动机简化等效电路

根据等效电路可知：

（1）当异步电动机空载时，$n \to n_1$，$s \to 0$，$\frac{1-s}{s}r'_2 \to \infty$，则 $\dot{I}'_2 \approx 0$，电动机功率因数很低，产生总的机械功率很小。

（2）当异步电动机带额定负载时，转差率比较小，此时转子回路电阻$\frac{r'_2}{s}$远大于转子回路漏抗，转子功率因数较高，定子功率因素也较高，一般在 0.8～0.85。

（3）当转子静止时，$n=0$，$s=1$，则$\frac{1-s}{s}r'_2=0$，相应的总机械功率也为零，此时异步电动机的定、转子电流均很大。

（4）异步电动机定子电流总是滞后于定子电压的，即功率因数总是滞后的，即异步电动机需要从电网吸收感性无功电流来激励主磁通和漏磁通。与变压器相比，异步电动机存在气隙，因此同样条件下，异步电动机的励磁电抗比变压器的要小。

习题

1. 为什么异步电动机起动电流大？

2. 异步电动机空载运行时，为什么功率因数很低？

3. 说明异步电动机 T 形等效电路各参数的意义？等效电路中附加电阻能不能用电感或电容代替？为什么？

任务3 三相异步电动机的机械特性

一、三相异步电动机的功率与转矩

电动机方程主要由电流磁链方程、电压电流方程、功率方程和转矩方程等组成。对于稳态分析而言，功率方程和转矩方程都是稳态下平衡，不考虑转子动能变化。

1. 功率平衡方程

三相异步电动机各部分的功率关系如图4-14所示。当输入功率 P_1 时，定子绕组上会产生铜耗 p_{Cu1}，旋转磁场在定子铁心产生铁耗 p_{Fe}，转子频率很小，转子铁耗可忽略，输入功率去掉这些损耗后，剩下的功率便是通过主磁通传递到转子上的电磁功率，即

$$P_{em} = P_1 - (p_{Cu1} + p_{Fe}) \quad (4-17)$$

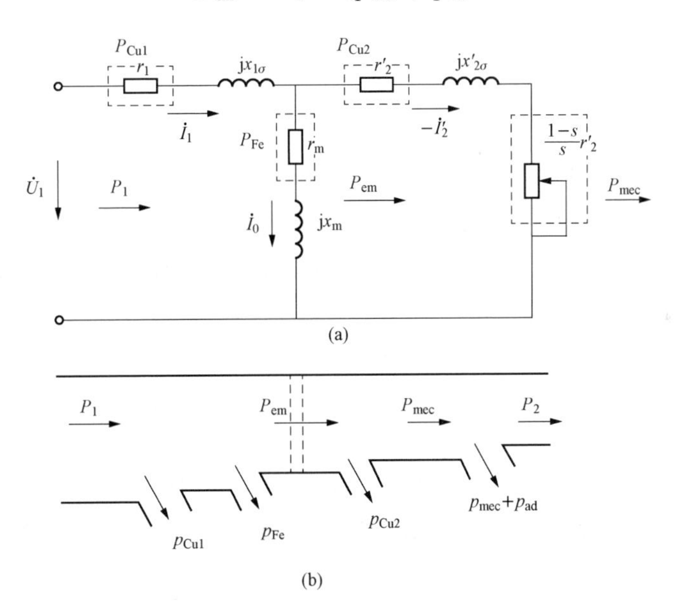

图4-14 异步电动机功率流程

从等效电路图可知，电磁功率一部分用于转子铜耗，一部分用于机械功率，即

$$P_{em} = P_{mec} + p_{Cu2} \quad (4-18)$$

由于铜耗电阻与代表机械功率等效电阻成一定比例，即 $s/1-s$，所以从定子上传输到转子上的电磁功率也是按此比例分配转子铜耗和机械功率，即

$$P_{mec} = (1-s)P_{em} \quad (4-19)$$

$$p_{Cu2} = sP_{em} \quad (4-20)$$

根据式（4-19）和（4-20）可知，转差率决定了电磁功率对转子铜耗和机械功率的

分配。转差率越小，铜耗就越小。三相异步电动机正常稳定运行时，转差率小，所以大部分电磁功率是传输到机械功率。三相异步电动机运行时，还会产生轴承及风阻等摩擦损耗，这些损耗称为机械损耗 p_{mec}。此外，由于定转子铁心开槽以及谐波，还要产生附加损耗，用 p_{ad} 表示。附加损耗一般不易计算，根据经验估算，大型异步电动机附加损耗约为输出功率的 0.5%，而小型异步电动机附加损耗可达输出功率的 1%～3%，或更大些。异步电动机轴上输出的机械功率 P_2 应该是总机械功率去掉机械损耗和附加损耗，即

$$P_2 = P_{mec} - (p_{mec} + p_{ad}) = P_{mec} - p_0 \tag{4-21}$$

式中，p_0 为空载损耗，$p_0 = p_{mec} + p_{ad}$。

2. 转矩平衡方程

三相异步电动机稳态时，驱动转矩等于制动转矩，可以根据稳态功率平衡方程求出。由于旋转物体的机械功率等于转矩乘以机械角速度。因此可由式（4-21）两边除以转子的机械角速度可得转矩平衡方程，即

$$\frac{P_2}{\Omega} = \frac{P_{mec}}{\Omega} - \frac{p_0}{\Omega} \tag{4-22}$$

$$T_2 = T_{em} - T_0 \tag{4-23}$$

式中，T_2 为输出转矩，即转子所拖动的负载反作用于转子的制动转矩；T_{em} 为电磁转矩，是驱动性转矩，这也是异步电机与其他电机的不同之处，电磁转矩并不等于电磁功率除以转子角速度；T_0 为空载转矩，是由于机械损耗和附加损耗引起的制动转矩；Ω 为机械角速度，$\Omega = \frac{2\pi n}{60}$。

电磁转矩还可以使用电磁功率除以旋转磁场同步角速度得到，即

$$T_{em} = \frac{P_{mec}}{\Omega} = \frac{(1-s)P_{em}}{(1-s)\Omega_1} = \frac{P_{em}}{\Omega_1} \tag{4-24}$$

由电动机铭牌数据 P_N（单位为 kW）和 n_N 可近似求得额定输出转矩 T_{2N}，即

$$T_{2N} = \frac{P_N \times 1000}{\frac{2\pi n_N}{60}} = 9550\,\frac{P_N}{n_N} \tag{4-25}$$

二、电磁转矩的计算

旋转电机无论是电动机还是发电机，都一定会存在电磁转矩，它扮演着电能与机械能转换的中介功能。电磁转矩计算共有三种方法：第一种，根据物理意义计算，即电流在磁场中受到力的作用；第二种，根据功率除以角速度；第三种，根据电磁能量对角度的偏导数，即利用虚位移原理计算。稳态分析中主要采用前面两种方法来计算和理解电磁转矩。

1. 电磁转矩的物理表达式

电磁转矩是由转子载流导体与主磁通相互作用而产生的。因此，其大小相应地可以用转子电流和主磁通来表示，经推导可得

$$T_{2N}=C_T\varphi I'_2\cos\varphi_2 \tag{4-26}$$

式中，C_T 为电磁转矩常数，其大小与电动机结构有关。

式（4-26）表明：电磁转矩大小与气隙磁通和转子回路电流有功分量的乘积成正比。电源电压基本决定了气隙磁通，所以电磁转矩大小跟转子电流有效值和转子回路功率因数有关。转差率越大，切割转速越大，同样磁通下，转子感应电动势越大；同时，转差率越大，转子回路功率因数越小，所以，电磁转矩不一定大，要看谁的影响大，如果感应电动势对电流影响比较大，那么转差率越大，电磁转矩就越大；如果功率因数影响比较大，那么转差率越大，电磁转矩就越小。

2. 电磁转矩的参数表达式

电磁转矩物理表达式不易计算，一般用于定性分析。使用机械功率除以角速度可得异步电机电磁转矩参数表达式，即

$$T_{em}=\frac{P_{mec}}{\Omega}=\frac{P_{em}}{\Omega_1}=\frac{P_{em}}{\frac{2\pi n_1}{60}}=\frac{P_{em}}{\frac{2\pi f_1}{p}}=\frac{p}{2\pi f_1}\left(3I'^2_2\frac{r'_2}{s}\right) \tag{4-27}$$

式（4-27）中电流使用相电流，所以计算功率要乘以 3 而不是$\sqrt{3}$。由简化等效电路可计算转子电流，即

$$I'_2=\frac{U_1}{\sqrt{\left(r_1+\frac{r'_2}{s}\right)^2+(x_{1\sigma}+x'_{2\sigma})^2}} \tag{4-28}$$

将式（4-28）代入式（4-27）得电磁转矩参数表达式

$$T_{em}=\frac{3pU_1^2\frac{r'_2}{s}}{2\pi f_1\left[\left(r_1+\frac{r'_2}{s}\right)^2+(x_{1\sigma}+x'_{2\sigma})^2\right]} \tag{4-29}$$

从式（4-29）可知，电磁转矩与输入情况及其电机本身参数有关。对于稳态而言，输入情况主要有电源电压、电源频率和转差率。

三、异步电动机的机械特性

异步电动机的机械特性是指 $U=U_N=$常数，$f=f_N=$常数，在电机参数不变的情况下，异步电动机转子转速 n 或转差率 s 与电磁转矩 T_{em}的关系曲线，即 $s=f(T_{em})$ 函数。习惯一般选择 s 为横坐标，T_{em}为纵坐标，按式（4-29）绘出异步电动机机械特性曲线，

如图 4 - 15 所示。异步电动机运行时，有 $0 \leqslant s \leqslant 1$，因此曲线图也仅绘出此部分图。

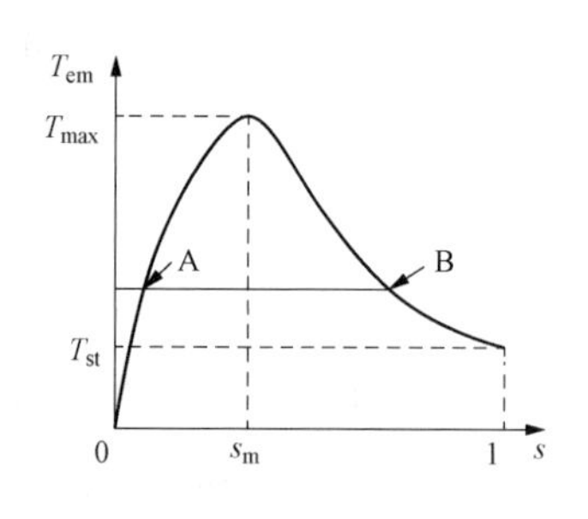

图 4 - 15　异步电动机机械特性

当转差率等于零时，转子转速等于同步转速，转子电流为零，电磁转矩也为零，这种情况可以称为理想空载情况。当转子转速降低而 s 值很小时，式（4 - 29）分母中电阻平方项比异步电机漏抗平方项要大很多，因此忽略异步电机漏抗，那么电磁转矩随着转差率增加而增加，从电磁转矩的物理表达式看，因为转差率小，转子功率因数对转矩影响可以忽略，那么随着转差率增加，转子感应电动势增加，电流增加，电磁转矩增加。当转差率增加到一定时候，漏抗影响不能忽略，此时忽略分母中 r_2'/s 的影响，电磁转矩随着转差率增加而减小，从电磁转矩物理表达式看，此时，转子功率因数对电磁转矩的影响比较大，因此，转差率增加，转子功率因数变小，电磁转矩变小。异步电动机机械特性曲线中，有三个点比较重要，一个是起动点，即 $s=1$，一个是电磁转矩最大点，也是异步电机所能提供的最大转矩，另一个就是额定运行点，即 $s=s_N$。

1. 异步电动机稳定运行区

从图 4 - 15 可知，对于确定电磁转矩，存在两个运行点，现假设电磁转矩为 T_e，那么可以有 A 点和 B 点运行。如果异步电动机所带负载是恒转矩负载，平衡时输出电磁转矩等于总的负载转矩，运行在 B 点时，外界干扰使得负载转矩增加，根据动力学知识知道，此时转子会减速，转差率增加，从机械特性曲线图中知，电磁转矩减小，这样就进一步使得负载转矩比电磁转矩大，转速进一步减小，如此反复，不能稳定。如果是运行在 A 点，外界干扰使得负载转矩增加，转子转速减小，转差率增加，电磁转矩增加，可以使得平衡增加的负载转矩，当外界干扰去掉后，异步电动机还会稳定运行在 A 点。从分析可知，异步电动机转差率从零值到电磁转矩最大值所对应的转差率是能稳定运行的，即 $\frac{dT_{em}}{dn}<0$。

电动机稳定运行是一个普遍性概念，所谓稳定运行是指机组在受到暂时外界扰动后，能自行恢复到原来稳定状态；反之，则不稳定。为了使机组能稳定运行，必须要求电动机的机械特性与负载的机械特性能正确的配合。异步电动机运行稳定条件不一定是电磁转矩对转速的导数小于零，对于非恒定负载转矩，例如风机，只要满足负载转矩对转速的导数大于电磁转矩对转速的导数，那么电机就能稳定运行。

2. 最大电磁转矩和过载能力

异步电动机最大电磁转矩是电机所能带的最大负载，将式（4 - 29）对 s 求导，并令

$\frac{\mathrm{d}T_{em}}{\mathrm{d}n}=0$，可得最大电磁转矩对应的临界转差率

$$s_m=\frac{r_2'}{\sqrt{r_1^2+(x_{1\sigma}+x_{2\sigma}')^2}}\approx\frac{r_2'}{x_{1\sigma}+x_{2\sigma}} \tag{4-30}$$

将式（4-30）代入式（4-29）可得最大电磁转矩

$$T_{max}=\frac{3pU_1^2}{4\pi f_1[r_1+\sqrt{r_1^2+(x_{1\sigma}+x_{2\sigma}')^2}]}\approx\frac{3pU_1^2}{4\pi f_1(x_{1\sigma}+x_{2\sigma})} \tag{4-31}$$

由式（4-31）可得最大电磁转矩变化规律：

1）当电源频率和电磁参数不变时，最大电磁转矩与电源电压平方成正比。

2）最大电磁转矩数值与转子回路的电阻无关，但临界转差率则与转子回路电阻成正比，与电源电压无关。

3）当电源电压和频率一定时，最大转矩近似与定、转子总漏电抗成反比；当电源电压一定且忽略定子电阻时，最大转矩近似与电源频率的平方成反比。

最大电磁转矩与额定转矩之比称为电动机的过载能力，用 k_m 表示，即

$$k_m=\frac{T_{max}}{T_N} \tag{4-32}$$

过载能力是异步电动机重要性能指标之一，当电动机运行时，总的负载转矩不能超过最大电磁转矩，否则电动机将无法运转，为了保证电动机不因短时过载而停止运转，因而对 k_m 数值有一定的要求，普通异步电动机要求 $k_m=1.8\sim2.5$，起重、冶金等特殊用途则要求 $k_m=2.7\sim3.7$。

3. 起动转矩

起动转矩是异步电动机接通电源即 $s=1$ 时的电磁转矩，用 T_{st}表示。将 $s=1$ 代入式（4-29）可得

$$T_{st}=\frac{3pU_1^2r_2'}{2\pi f_1[(r_1+r_2')^2+(x_{1\sigma}+x_{2\sigma}')^2]} \tag{4-33}$$

对于绕线式转子，如果要求起动转矩等于最大转矩，可在转子回路每相串入附加起动电阻，使得 $s_m=1$ 即可，则

$$r_{mst}'=\sqrt{r_1^2+(x_{1\sigma}+x_{2\sigma}')^2}\approx x_{1\sigma}+x_{2\sigma}' \tag{4-34}$$

由式（4-33）和式（4-34）可得起动转矩的变化规律：

1）当电源频率和电磁参数不变时，起动转矩与电源电压平方成正比。

2）当电源电压和频率一定时，定转子漏抗越大，起动转矩越小。

3）起动转矩随着电源频率的提高而减少。

4）起动转矩与转子电阻的关系并不是单调函数关系。当转子回路总电阻折算值等于定子漏抗与折算后转子漏抗之和时，起动转矩最大；当转子回路总电阻折算值小于定子

漏抗与折算后转子漏抗之和时，随着转子电阻增加，起动转矩增加；当转子回路总电阻折算值大于定子漏抗与折算后转子漏抗之和时，随着转子电阻增加，起动转矩反而减小。

起动转矩也是异步电动机重要性能指标之一，起动转矩与额定转矩之比称为起动转矩倍数，用 k_{st} 表示，即

$$k_{st}=\frac{T_{st}}{T_N} \tag{4-35}$$

起动转矩倍数反映了电动机起动能力的大小，国家标准规定：普通异步电动机 $k_{st}=1.0\sim2.0$；起重、冶金等特殊用途电动机，则要求 $k_{st}=2.8\sim4.0$。

在绘制异步电动机机械特性曲线时，可以先确定起动点和最大转矩点，那么其他点可以大致绘制。因此，起动点和最大转矩点基本确定异步电动机机械特性曲线。分析异步电动机物理量对机械特性曲线影响，实质就是分析异步电动机物理量对起动点和最大转矩点的影响。应调速起动要求，一般会考虑电源电压和转子电阻对机械特性曲线的影响。根据起动转矩和最大转矩变化规律可得电源电压和转子电阻分别对机械特性曲线的影响，如图 4 - 16 和图 4 - 17 所示。

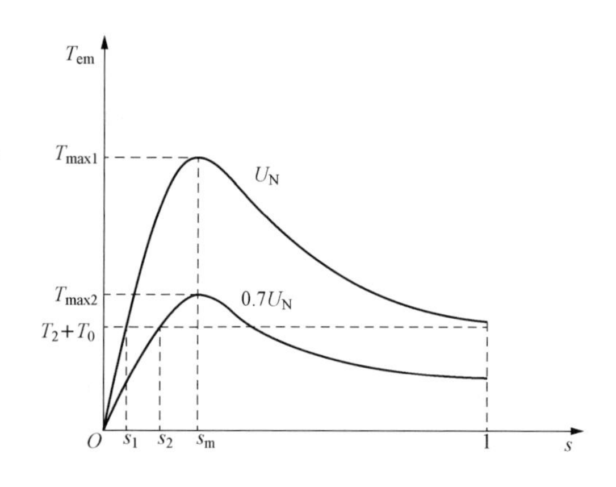

图 4 - 16 改变电源电压时的机械特性

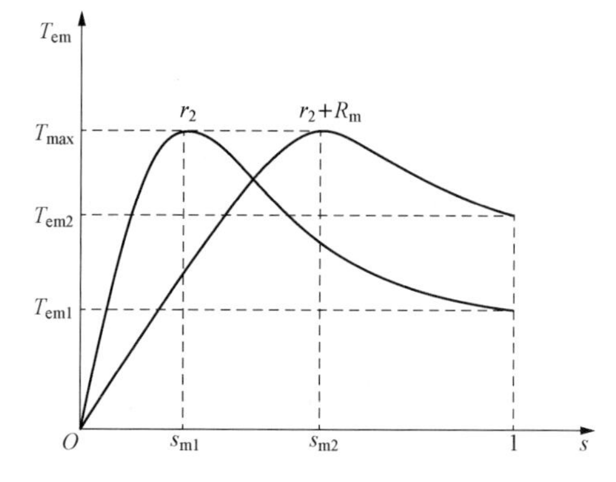

图 4 - 17 改变转子电阻时的机械特性

4. 转矩实用计算

转矩实用计算就是利用产品目录中给出的技术数据简便地求出异步电动机的电磁转矩与转差率的近似关系。经过对式（4 - 29）和式（4 - 31）相比并经化简及忽略部分电阻项的影响，可得

$$\frac{T_{em}}{T_{max}}\approx\frac{2}{\frac{s}{s_m}+\frac{s_m}{s}} \tag{4-36}$$

利用过载能力系数可得

$$\frac{T_{em}}{T_N}\approx\frac{2}{\frac{s}{s_m}+\frac{s_m}{s}}k_m \tag{4-37}$$

忽略空载转矩影响，额定转差率的电磁转矩就等于额定负载转矩，则

$$k_{\mathrm{m}}=\frac{1}{2}\left(\frac{s_{\mathrm{N}}}{s_{\mathrm{m}}}+\frac{s_{\mathrm{m}}}{s_{\mathrm{N}}}\right) \tag{4-38}$$

可得临界转差率

$$s_{\mathrm{m}}=s_{\mathrm{N}}(k_{\mathrm{m}}+\sqrt{k_{\mathrm{m}}^{2}-1}) \tag{4-39}$$

根据额定转速和过载能力，按式（4-39）求出临界转差率，再根据额定功率和额定转速求出额定负载转矩，就可得到异步电动机机械特性公式。同时，把 $s=1$ 代入式（4-37）即可计算起动转矩数值。

习题

1. 三相异步电动机性能指标主要是哪些？为什么电动机不宜在额定电压下长期欠载运行？

2. 一台三相异步电动机输入功率 $P_1=8.8\text{kW}$，定子铜耗 $p_{\mathrm{cu1}}=420\text{W}$、铁耗 $p_{\mathrm{Fe}}=210\text{W}$，转差率 $s=0.03$，求：电磁功率 P_{em}、转子铜耗 p_{cu2}、总机械功率 P_{mec}。

3. 一台四极三相异步电动机，其额定电压为380V，过载能力为2，带80%额定负载运行，电网电压下降到230V，通过计算说明在此负载下的电动机能否继续运行？此时该电动机能承担的最大负载是多少？

4. 一台三相异步电动机，额定转速 $n_{\mathrm{N}}=960\text{r/min}$，额定功率 $P_{\mathrm{N}}=100\text{kW}$，额定运行时机械损耗1kW，忽略附加损耗，求：

（1）该电动机的额定转差率、电磁功率和转子铜耗；

（2）该电动机额定运行时的电磁转矩、输出转矩和空载转矩。

任务4 三相异步电动机的起动

电动机接上电源，从静止状态到稳定运行状态的过程，称为电动机的起动过程，简称起动。实际起动过程非常短暂，通常只需几分之一秒到几秒钟的时间，但由于起动电流很大，起动转矩小，如起动不当，可能引起电网电压显著下降，甚至会损坏电动机或接在电网上的其他电气设备，因此起动是异步电动机运行的重要问题之一。

异步电动机接上电源瞬间，即 $s=1$ 时，其电磁转矩是起动转矩 T_{st}，定子电流为起动电流 I_{st}，通常希望起动转矩足够大，起动电流较小，起动设备尽量简单、可靠、操作方便和经济等。在为各种生产机械选配电动机时，既要求电动机具有足够大的起动转矩，使生产机械能够很快地达到额定转速而正常工作，又希望起动电流不要太大，以免电网产生过大的电压降落而影响同一电网上其他用电设备的正常工作。但是，这两个要求往

往又难于同时满足。

一、三相鼠笼式异步电动机起动

三相鼠笼式异步电动机起动主要有直接起动和降压起动。利用刀闸或交流接触器把异步电动机定子绕组直接接到额定电压上起动，称为直接起动。直接起动简单，操作方便，全压起动，具有较大起动转矩，它的缺点是：起动瞬间异步电动机等效阻抗小，起动电流大，可达额定电流的4～7倍。当供电变压器容量不大时，会使供电变压器输出电压降低过多，进而影响到自身的起动和接在同一线路上的其他设备正常工作。一般要求采用直接起动的电动机容量不超过供电变压器容量的20%，这样起动电流引起的电网压降不超过电网额定电压的10%。为限制起动电流，采用降压起动，在降压起动时，还必须考虑起动转矩能不能满足起动要求。常用降压起动介绍如下。

1. 定子回路串电抗器起动

定子回路串电抗器起动原理接线如图4-18所示。起动时，K_1合上，K_2断开，电抗器串入回路，起分压作用，起动结束时，K_2合上，使电动机在全压下运行。异步电动机不能长期处于欠压状态，否则容易烧坏绕组。

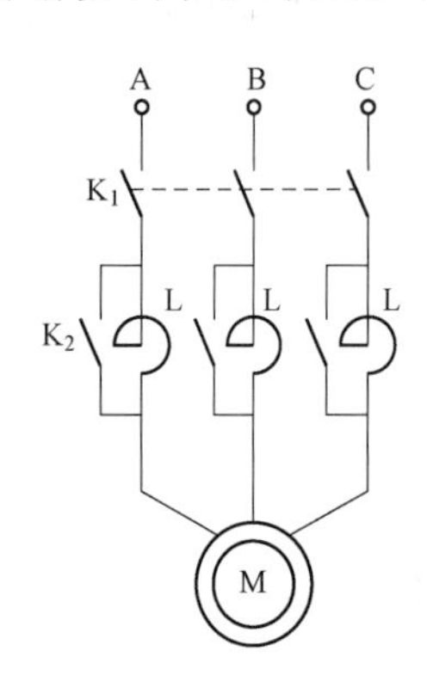

图4-18　定子回路串电抗器起动

全压起动时的起动电流和起动转矩分别用I_{stN}和T_{stN}表示。定子回路串电抗器起动，设直接加在定子绕组的电压为

$$U_{st}=\frac{1}{k}U_N \tag{4-40}$$

由于$I_{st}\propto U_{st}$、$T_{st}\propto U_{st}^2$，则降压起动后的起动电流和起动转矩分别为

$$I_{st}=\frac{1}{K}I_{stN} \tag{4-41}$$

$$T_{st}=\frac{1}{K^2}T_{stN} \tag{4-42}$$

由式（4-41）和式（4-42）可知，起动电流减少到$\frac{1}{K}$倍，起动转矩减少$\frac{1}{K^2}$倍，所以这种起动方法仅适用于轻载或空载起动。

2. 星—三角起动

星—三角起动仅适用于额定运行时规定采用三角形接线的异步电动机。如图4-19所示。电动机接成星形时，每相电压是三角形接法时每相电压的$1/\sqrt{3}$，即

$$U_{stY\varphi}=\frac{1}{\sqrt{3}}U_{st\triangle\varphi} \tag{4-43}$$

由于起动时相电流与起动时相电压成正比，则

$$I_{stY\varphi} = \frac{1}{\sqrt{3}} I_{st\triangle\varphi} \quad (4-44)$$

又由于星形接线时线电流等于相电流，三角形接线时线电流是相电流$\sqrt{3}$倍，即

$$I_{stY} = I_{stY\varphi} = \frac{1}{\sqrt{3}} I_{st\triangle\varphi} = \frac{1}{3} I_{st\triangle} \quad (4-45)$$

由此可知，采用星—三角降压起动时，起动电流和起动转矩都降为直接起动时的 1/3。

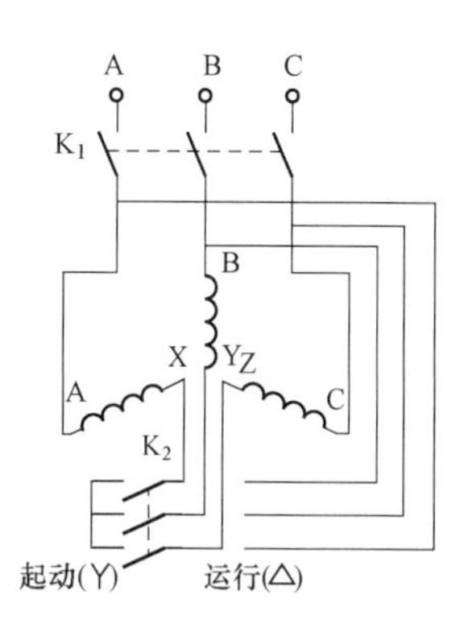

图 4-19　星—三角起动

3. 自耦变压器起动

自耦变压器起动是利用一台降压自耦变压器（又称启动补偿器）起动，如图 4-20 所示。

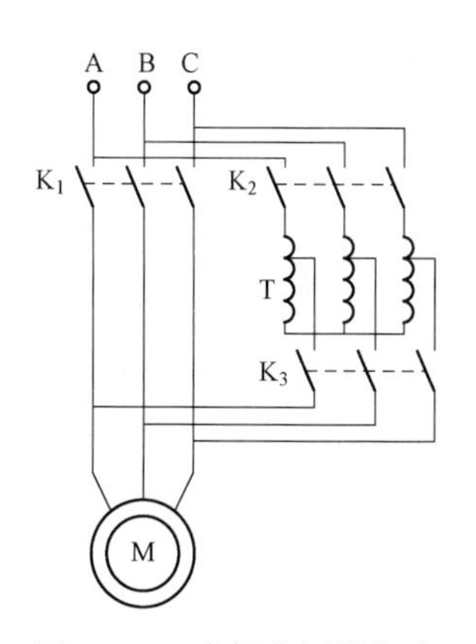

图 4-20　自耦变压器起动

起动时，K_2及K_3合上，K_1断开，使施加在定子绕组上的电压降低，待起动完毕后，合上 K_1，断开 K_2、K_3，把电动机直接接到电源。

设自耦变压器一次电压为U_N，二次电压为U_{st}，则

$$U_{st} = \frac{1}{k} U_N \quad (4-46)$$

式中，k 为自耦变压器一次电压与二次电压变比。

因此，异步电动机起动时，自耦变压器二次电流为

$$I_{2st} = \frac{1}{k} I_{stN} \quad (4-47)$$

电网提供的起动电流为

$$I_{1st} = \frac{1}{K} I_{2st} = \frac{1}{K^2} I_{stN} \quad (4-48)$$

起动转矩与接在异步电动机上的电压平方成正比，即

$$T_{st} = \frac{1}{K^2} T_{stN} \quad (4-49)$$

由式（4-48）和式（4-49）可知，自耦变压器起动电流和起动转矩都降为直接起动时的$\frac{1}{K^2}$。

自耦变压器起动和星—三角起动具有相同的性质，其起动转矩和由电源提供的起动电流减少的倍数一样。而自耦变压器起动的优点在于不受电机定子绕组接法的限制且变比可改变。这种起动方法的缺点是增加了设备费用。

降压起动虽然降低了起动电流，但同时降低了起动转矩，因此，在要求起动电流小，而起动转矩大的场合，需要采用绕线式或深槽式、双笼式鼠笼异步电动机。或者采用目前比较先进的软起动。所谓软起动，就是利用电力电子变流技术检测异步电动机电流，控制输入电压，使得起动过程恒流平滑加速，还可以对起动时间进行优化。

二、三相绕线式异步电动机起动

在转子回路串电阻不仅可以减少起动电流，还可以增加起动转矩，只要转子回路电阻小于最大电磁转矩对应的起动电阻即可。一般希望起动时转子电阻比较大，随着转速增加，转子电阻变小，否则会浪费很多电能在电阻上，起动完毕时，转子电阻应为稳定运行时电阻。绕线式与深槽、双笼鼠笼式异步电动机起动就是采用这个原理的。对于绕线式异步电动机常采用如下两种方法。

1. 转子回路串电阻起动

绕线式异步电动机转子绕组通过滑环串电阻分级起动原理如图 4 - 21 所示。电动机在起动电阻全部串入的情况下起动，起点从 a 点开始，起动转矩最大，随着转速的升高，电磁转矩沿机械特性曲线逐渐减小，加速度也随之减小。当转矩减小到 b 点时，切除 R_{st3}，在切除瞬间，由于惯性，转子转速不变，而转子电流突然增加，使得电磁转矩突增至 c 点，使电动机迅速加速。同理，随着转速的升高，逐级切除电阻，直到所有电阻被切除，起动结束。如果电动机上有举刷装置，为防止电刷磨损和减小摩擦损耗，此时应将三相滑环短接，然后举刷。小容量绕线异步电动机起动电阻常用高电阻率的金属丝制成，大容量电机则用铸铁电阻片制成，有时也用水电阻。

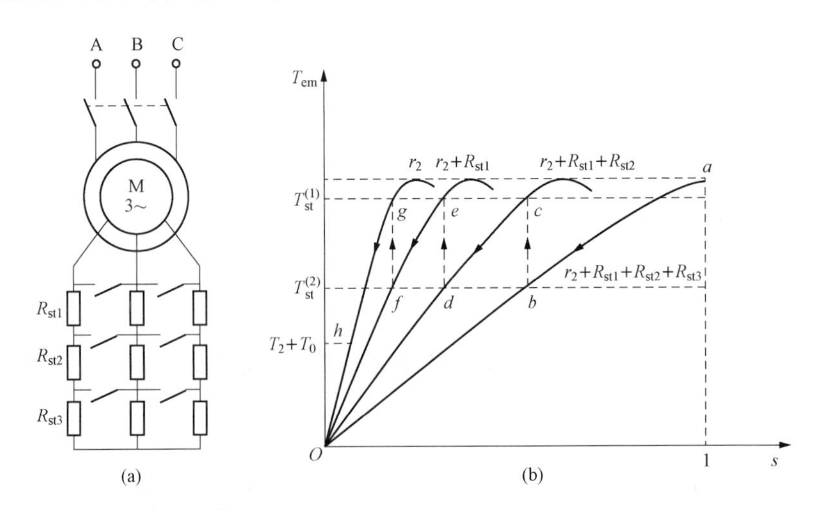

图 4 - 21　转子回路串电阻分级起动示意图

2. 转子回路串频敏变阻器起动

转子回路串电阻分级起动方式，当逐级切除起动电阻时，由于转矩的突变会引起机械冲击，并且需要很多的切除开关，所以控制设备大，维修也较麻烦。为克服上述缺陷，对于容量较大的电机普遍采用频敏变阻器作为起动电阻，其特点是，它的电阻值会随着转速的上升而自动减小。

频敏变阻器是一个只有原边线圈的三相芯式变压器。不同的是，它的铁心采用比普通变压器的硅钢片厚约100倍的钢板或铁板叠成，因而涡流损耗很大。由于涡流损耗与频率的平方成正比，起动时 $s=1$，频率等于定子频率，涡流损耗较大，反映铁耗的等效电阻较大，所以起到了限制起动电流和提高起动转矩的作用。起动后，随着转速升高，转子频率下降，等效电阻跟着涡流损耗下降而减小。由此可见，应用频敏变阻器时，整个起动过程中的转矩曲线是平滑的。起动完毕后，应将滑环短接，切除频敏变阻器。

习题

1. 为什么鼠笼异步电动机起动电流大，而起动转矩却小？

2. 绕线转子异步电动机转子串电阻后，为何能减小起动电流，而增大起动转矩？转子回路串入电阻越大，起动转矩是否越大？为什么？

3. 一台三角形接线的三相鼠笼异步电动机，如在额定电压下起动，流过每相绕组的起动电流为20.84A，起动转矩为26.39N·m，试求下面三种情况下的起动电流和起动转矩：

（1）用星—三角起动；

（2）用一次电压比二次电压变比 $K=2$ 的自耦补偿器起动；

（3）用串联电抗器，并假设此时电动机所承受的电压与自耦补偿器降压起动时一样。

4. 一台三相异步电动机，三角形联结，已知下列数据：$P_N=15kW$，$n_N=1460r/min$，$U_N=380V$，$\eta_N=87\%$，$\cos\varphi_N=0.85$，$\frac{T_{st}}{T_N}=1.1$，$\frac{T_{max}}{T_N}=2$，$\frac{I_{st}}{I_N}=6.5$，试求：

（1）额定电流和额定输出转矩；

（2）直接起动时的起动电流和起动转矩；

（3）星—三角起动电流和起动转矩；

（4）星—三角起动时，带 $0.5T_N$ 的负载能否起动。

项目5　同　步　电　机

同步电机属交流旋转电机，主要用作发电机，交流同步发电机是根据电磁感应原理将机械能转变为电能的一种装置，是现代电力系统中发电厂的主要设备。同步电机还可用作调相机，调节电网的无功功率，用以改善电网的电压质量；也可用作电动机使用，一般用于转速不随负载变化的大型电力拖动系统中，可以改善电网的功率因数。

任务1　同步发电机的基本认知

一、同步发电机的基本工作原理

如图5-1所示，同步发电机的基本结构部件有定子铁心、定子三相对称绕组、转子铁心和励磁绕组。励磁绕组通以直流电流励磁，转子立即建立恒定磁场。当原动机拖动转子以转速n(r/min）旋转时，其定子三相对称绕组切割磁场而感应三相对称的交流感应电动势，该电动势的频率为

$$f=\frac{pn}{60} \tag{5-1}$$

式中，p为电机的极对数；n为转子每分钟转数，r/min。

如果同步发电机接上负载，则在电动势作用下，将有三相电流流过。这说明同步发电机把机械能转换成了电能。

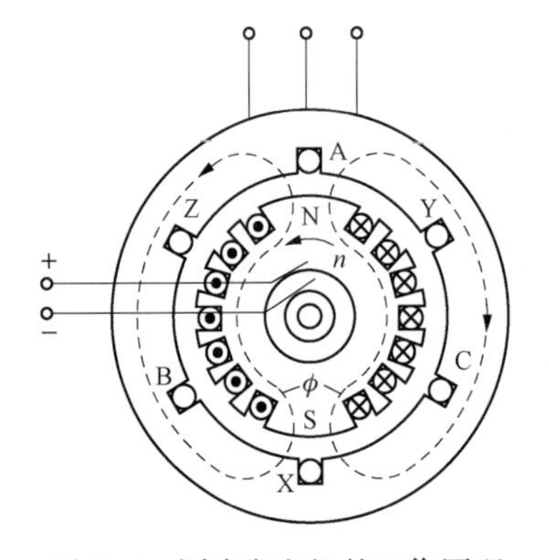

图5-1　同步发电机的工作原理

由式（5-1）可知，同步发电机定子绕组感应电动势的频率取决于电机的极对数p和转子的转速n。

可见，同步发电机极对数p一定时，转速n与电动势的频率f之间具有严格不变的关系。即当电力系统频率f一定时，电机的转速$n=\frac{60f}{p}$为恒值，这就是同步电机的主要特点。我国标准工频为50Hz，因此同步发电机的极对数和转速成反比，即$p=\frac{3000}{n}$。汽

轮发电机转速较高，极对数较少，如转速 $n=3000\text{r/min}$，则极对数 $p=1$。水轮发电机，转速较低，极对数较多，如转速 $n=250\text{r/min}$，则极对数 $p=12$。

二、同步发电机的分类

同步发电机的分类方式有多种，常见的有以下几种分类方式。

1. 按原动机的类型分类

按原动机的类型不同，同步发电机可分为汽轮发电机、水轮发电机和柴油发电机等。

2. 按转子结构分类

按转子结构不同，同步发电机可分为隐极式和凸极式，如图5-2所示。隐极式气隙是均匀的，转子做成圆柱形。凸极式有明显的磁极，气隙是不均匀的，极弧底下气隙较小，极间部分气隙较大。

汽轮发电机由于转速高，转子各部分受到的离心力很大，机械强度要求高，故一般采用隐极式；水轮发电机转速低、极数多，故都采用结构和制造上比较简单的凸极式。

3. 按安装方式分类

按安装方式不同，同步发电机可分为卧式和立式。

4. 按冷却介质分类

按冷却介质不同，同步发电机可分为空气冷却式、氢气冷却式、水冷却式。

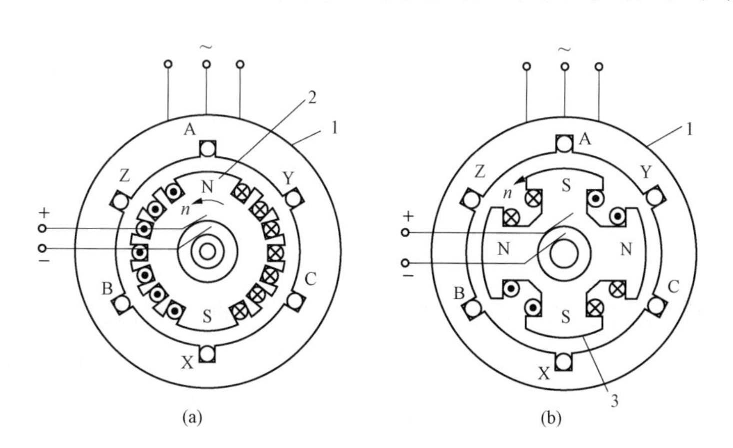

图5-2　同步发电机的结构

(a) 隐极式；(b) 凸极式

1—定子；2—隐极式转子；3—凸极式转子

三、同步发电机的结构

火力发电厂生产现场如图5-3所示，汽轮机作为原动机，带动同步发电机旋转，励磁机给同步发电机提供励磁电流。下面以隐极式汽轮发电机为例说明同步发电机的基本结构部件，如图 5-4 所示。

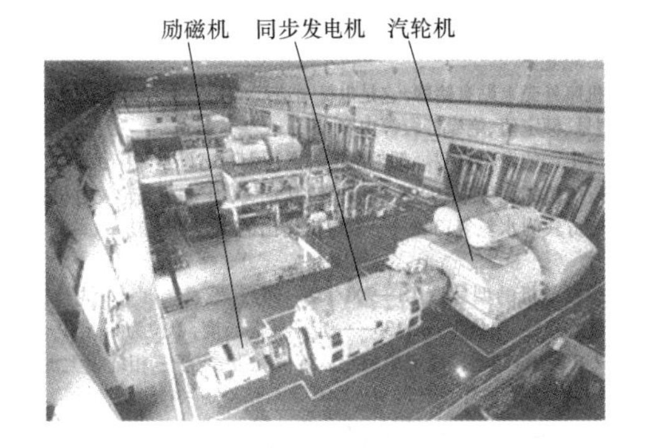

图 5-3 火力发电厂的生产现场

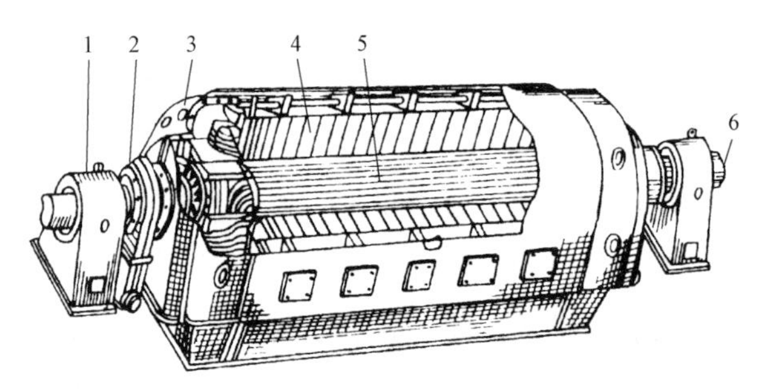

图 5-4 汽轮发电机主要结构

1—轴承座；2—出水支座；3—端盖；4—定子；5—转子；6—进水口

1. 定子

同步发电机的定子主要由定子铁心、定子绕组、机座、端盖、轴承等部件组成。

(1) 定子铁心

定子铁心是电机的主要部件，它起着构成主磁路和固定定子绕组的重要作用。一般要求导磁性能好，损耗低，刚度好，振动小，并在结构及通风系统布置上能有良好的冷却效果。

定子铁心是由厚度为 0.35 mm 或 0.5 mm 的有取向的冷轧扇形硅钢片叠装而成。为了减小铁心的涡流损耗，每张硅钢片表面涂有绝缘漆。为利于散热和冷却，铁心沿轴向分段，每段厚约 30~60 mm，段间由径向通风孔隔离，冷却气体通过这些通风孔对铁心冷却。整个铁心通过端部压板及定位筋牢固地连成一整体。

(2) 定子绕组

定子绕组又称为电枢绕组，是发电机进行能量转换的心脏部位。大型同步发电机定子绕组通常采用三相双层短距叠绕组形式。为了冷却的需要，线棒除了采用实心的导线外，大型同步发电机还通常采用空心与实心导线组合的形式。空心导线可实现发电机的定子绕组水内冷。

(3) 机座和端盖

发电机的机座与端盖也称为电机外部壳体，起着固定电机、保护内部构件以及支撑定子绕组和铁心的作用。机座是由厚钢板卷制焊接而成的，它必须有足够的强度和刚度，在机座与铁心之间需留有适当的通风道，满足通风和散热的需要。

2. 转子

转子由转子铁心、励磁绕组、阻尼绕组、护环和中心环等组成，如图 5-5 所示。

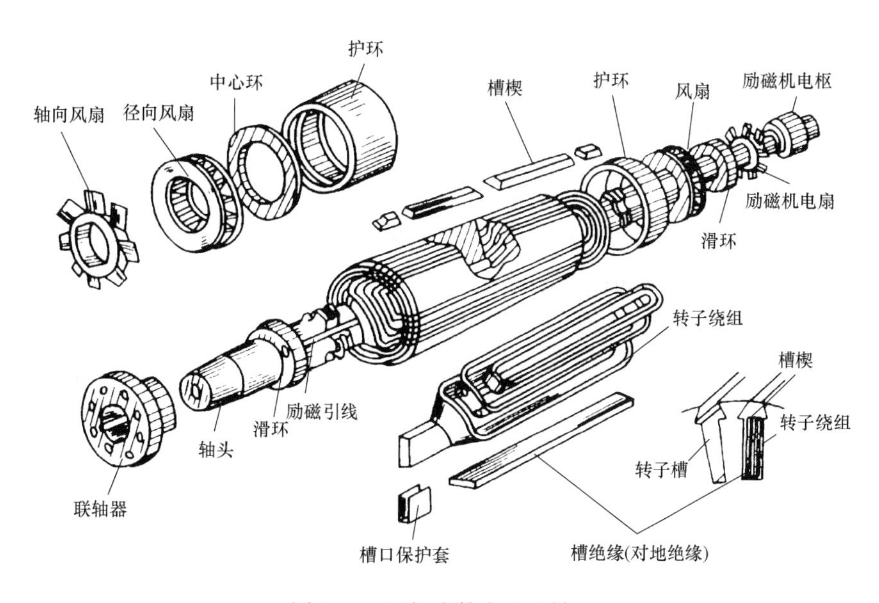

图5-5　两极汽轮发电机转子

（1）转子铁心

转子铁心既是电机磁路的主要组成部分，又承受着由于高速旋转产生的巨大离心力，因而其材料既要求有良好的导磁性能，又需要有很高的机械强度。一般采用优质合金钢制成，在真空中浇注成一整体，经复杂的热加工和冷加工，锻压成带轴的转子毛坯，再机加工成一整体转子。

（2）励磁绕组

励磁绕组是由扁铜线绕成的同心式线圈串联组成的，且利用不导磁、高强度材料做成的槽楔将励磁绕组在槽内压紧。

（3）阻尼绕组

大容量汽轮发电机为了降低不对称运行时转子的发热，有时在每一槽楔与转子导体之间放置一细长铜片，其两端接到转子两端的阻尼绕组端环上，形成一个短路绕组，这个短路绕组称为阻尼绕组。它在正常运行时不起作用，而当电机负载不对称或发生振荡时，阻尼绕组中的感应电流将起屏蔽作用，从而减弱负序旋转磁场和由其引起的转子杂散损耗和发热，并使振荡衰减。

（4）护环和中心环

护环用以保护励磁绕组的端部不致因离心力而甩出。中心环用以支持护环，并阻止励磁绕组的轴向移动。

四、同步发电机的铭牌

同步发电机机座外壳上贴有铭牌，展示了该台电机的特点和额定数据，通常有型号、额定值、绝缘等级等内容。

1. 型号

我国生产的发电机型号都是由汉语拼音大写字母与数字组成。

例如，一台汽轮发电机的型号为 QFSN－300－2，其意义是：QF——汽轮发电机；SN——水内冷，表示发电机的冷却方式为水—氢—氢；300——发电机输出的额定有功功率，单位为 MW；2——磁极个数。

又如，一台水轮发电机的型号为 TS-900/135-56，其意义是：T——同步；S——水轮发电机，900——定子铁心外径，cm；135——定子铁心长度，cm；56——磁极个数。

2. 额定值

（1）额定功率 P_N

额定功率是指电机额定运行时的输出功率，其单位为 kW 或 MW。

（2）额定电压 U_N

额定电压是指在制造厂规定的额定运行情况下，定子三相绕组上的额定线电压，其单位为 V 或 kV。

（3）额定电流 I_N

额定电流是指额定运行时，流过定子绕组的线电流，其单位为 A。

（4）额定功率因数 $\cos\varphi_N$

额定功率因数是指额定运行时，发电机的功率因数。

（5）额定转速 n_N

额定转速是指同步发电机的同步转速，其单位为 r/min。

（6）额定频率 f_N

额定频率即我国标准工业频率，为 50Hz，故 $f_N=50$Hz。

上述各额定值之间的换算关系为

$$P_N=\sqrt{3}U_N I_N\cos\varphi_N \tag{5-2}$$

此外，电机铭牌上还常列出绝缘等级、额定励磁电压 U_{fN} 和额定励磁电流 I_{fN}。

习题

1. 简述同步发电机的工作原理。

2. 同步发电机的频率、极数和转速之间有什么关系？试问 150r/min、50 Hz 的同步电机是几极的？该电机应是隐极结构，还是凸极结构？

3. 一台 QFSN-300-2 汽轮发电机，$U_N=24$kV，$\cos\varphi_N=0.8$（滞后），Y 接线，试求：

（1）额定电流；

（2）额定运行时，能发多少有功功率和无功功率？

任务2　同步发电机的运行原理

一、同步发电机的空载运行

同步发电机被原动机拖动到同步转速，励磁绕组中通以直流电流，定子绕组开路时的运行称为空载运行。此时三相定子电流均为零，只有直流励磁电流产生的主磁场，又叫空载磁场。其中一部分既交链转子又经过气隙交链定子的磁通称为主磁通，即空载时的气隙磁通，它的磁通密度波形是沿气隙圆周空间分布的近似正弦波，用 Φ_0 表示；而另一部分不穿过气隙，仅和励磁绕组本身交链的磁通称为主极漏磁通，这部分磁通不参与电机的机电能量转换，如图5-6所示。由于主磁通的路径（即主磁路）主要由定、转子铁心和两段气隙构成，而漏磁通的路径主要由空气和非磁性材料组成，因此主磁路的磁阻比漏磁路的磁阻小得多，主磁通数值远大于漏磁通。

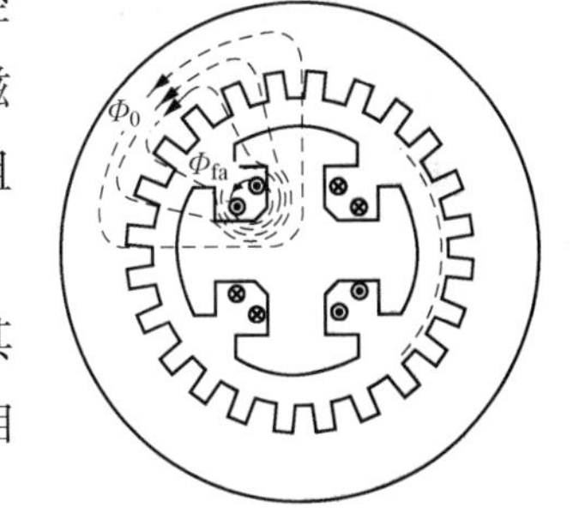

图5-6　凸极同步发电机空载磁场

同步发电机空载运行时，空载磁场随转子一同旋转，其主磁通切割定子绕组，在定子绕组中感应出频率为 f 的三相基波电动势，其有效值为

$$E_0 = 4.44 f N_1 k_{W1} \Phi_0 \tag{5-3}$$

式中，Φ_0 为每极基波磁通，Wb；N_1 为定子绕组每相串联匝数；k_{W1} 为基波电动势的绕组系数。

二、同步发电机的负载运行与电枢反应

同步发电机空载运行时，气隙中仅存在一个以同步转速旋转的主极磁场，在定子绕组中感应空载电动势 E_0。当接上三相对称负载时，定子绕组中就有三相对称电流（也称作电枢电流）流过，产生一个旋转的电枢磁场，因此，负载在同步发电机的气隙中同时存在着两个磁场：主极磁场和电枢磁场，这两个磁场以相同的转速、相同的转向旋转着，两者之和构成了负载时气隙的合成磁场。电枢磁场在气隙中将使气隙磁场的大小及位置均发生变化，这种影响称为电枢反应。电枢反应的性质取决于空载电动势 $\dot{E}_0$ 和电枢电流 $\dot{I}$ 之间的夹角 ψ。将 ψ 定义为内功率因数角，它与负载的大小、性质以及电机的参数有关。

1. $\dot{I}$ 和 $\dot{E}_0$ 同相（$\psi=0°$）时的电枢反应

我们以时空相量图来分析电枢反应影响。作时空相量图时，对正方向规定如下。

（1）相绕组轴线正方向

假定相绕组首端（A，B，C）电流方向为“·”，尾端（X，Y，Z）电流方向为“×”，则按右手螺旋定则将拇指所指垂直于相线圈平面的方向，规定为相绕组轴线的正方向。这样得出 A、B、C 三个相轴线，它们空间互差 120°空间电角，组成了空间固定的坐标系。

（2）转子 d 轴和 q 轴正方向

规定转子 N 极磁力线穿出的方向为转子 d 轴（直轴）正方向，由此再逆转子转向转过 90°空间电角为 q 轴（交轴）正方向。由于转子旋转，故 d 轴和 q 轴随转子转动组成空间旋转坐标系。

（3）时间相量图的规定

取时间坐标轴线（简称时轴）j 固定不动。各时间向量均以同一角速度 $\omega=2\pi f$ 沿逆时针旋转，各时间向量在时轴上的投影为其瞬时值，当时间向量与时轴 j 重合时，表示该时刻该时间向量的瞬时值达最大值。

按上述正方向规定，如图 5-7 所示。当 $\psi=0°$ 时，$\overline{F}_a$ 是一个交轴磁动势，这种作用在交轴上的电枢反应称为交轴电枢反应，简称交磁。

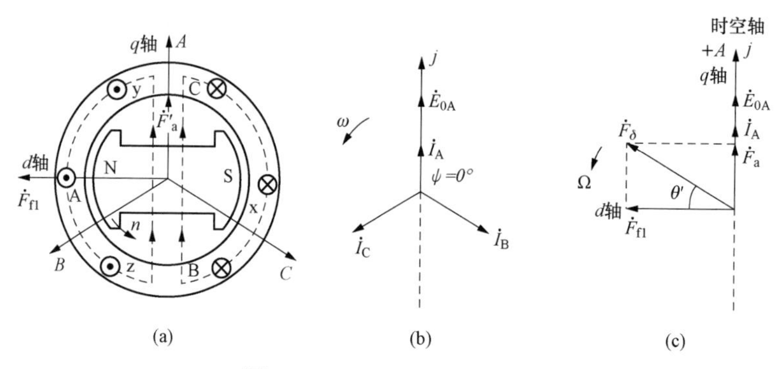

图 5-7　$\psi=0°$ 时的电枢反应

(a) 空间图；(b) 时间相量图；(c) 时空相量图

从图 5-8 中还可以看到，此时电枢磁场与转子励磁绕组相互作用产生电磁力 f_1，其方向由左手定则确定，f_1 在转子上产生电磁转矩与转子的转向相反，对发电机起制动作用，使发电机的转速（频率）下降。要想维持转速不变，就需要相应地增加原动机的输入机械功率。因此，交轴电枢反应实现了机电能量的转换，发电机输出有功功率。

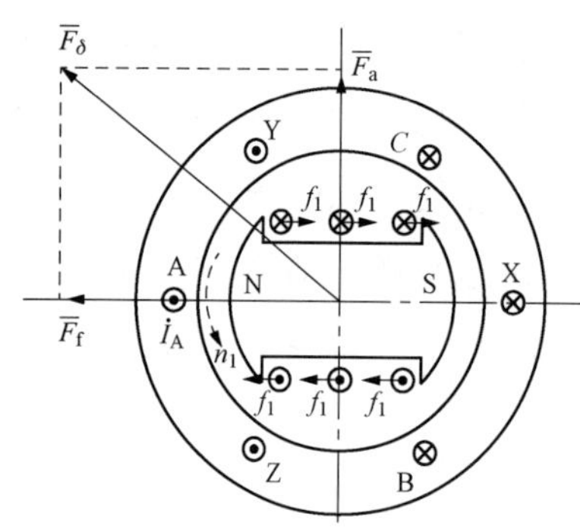

图 5-8　$\psi=0°$ 时的电磁力情况

2. $\dot{I}$ 滞后 $\dot{E}_0$ 90°（$\psi=90°$）时的电枢反应

当 $\psi=90°$ 时，$\overline{F}_a$ 作用在直轴上，电枢反应为纯

去磁作用，合成磁动势 $\overline{F}_\delta$ 的幅值减小，这种电枢反应称为直轴去磁电枢反应，如图 5-9 所示。

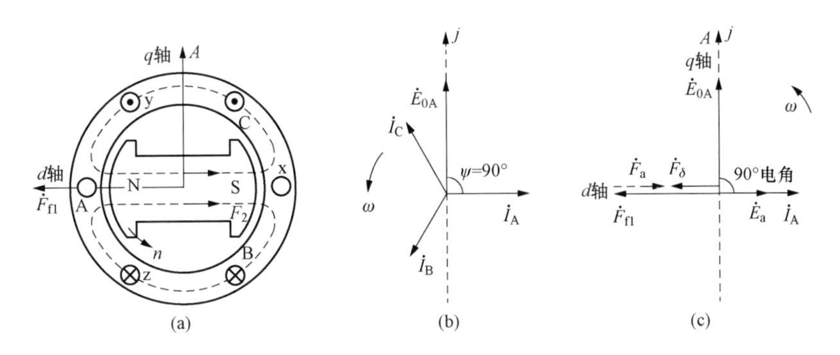

图 5-9　$\psi=90°$时的电枢反应

（a）空间图；（b）时间相量图；（c）时空相量图

从图 5-10 中还可以看出，此时电枢磁场与转子励磁绕组相互作用产生电磁力 f_1，在转子上不产生电磁转矩。由于合成磁动势 $\overline{F}_\delta$减小，使发电机的端电压下降，若要保持发电机的端电压不变，需增大发电机的励磁电流，此时发电机输出无功功率。

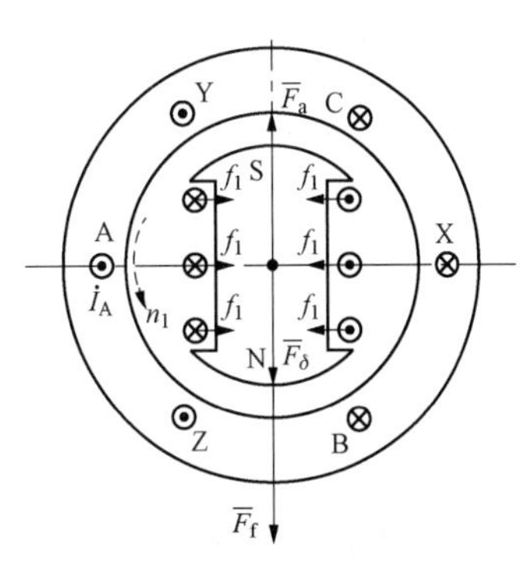

图 5-10　$\psi=90°$时的电磁力情况

3. $\dot{I}$ 超前 $\dot{E}_0 90°(\psi=-90°)$ 时的电枢反应

当 $\psi=-90°$时，$\overline{F}_a$ 作用在直轴上，电枢反应为纯增磁作用，合成磁动势 $\overline{F}_\delta$ 的幅值加大，这种电枢反应称为直轴增磁电枢反应，如图 5-11 所示。

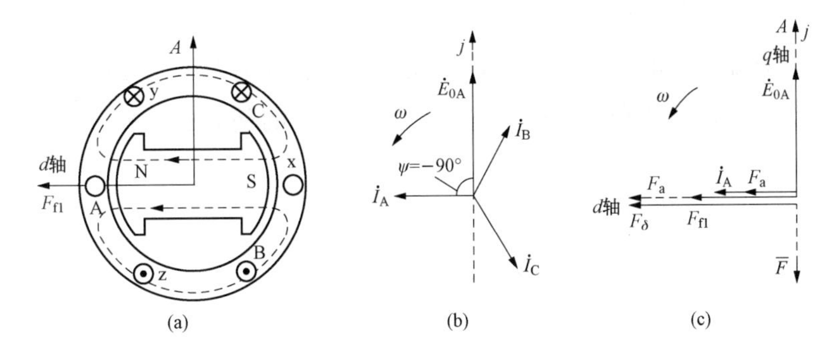

图 5-11　$\psi=-90°$时电枢反应

（a）空间图；（b）时间矢量图；（c）时空矢量图

从图 5-12 中还可以看出，此时电枢磁场与转子励磁绕组相互作用产生电磁力 f_1，在转子上不产生电磁转矩。由于合成磁动势 $\overline{F}_\delta$ 增大，使发电机的端电压上升，若要保

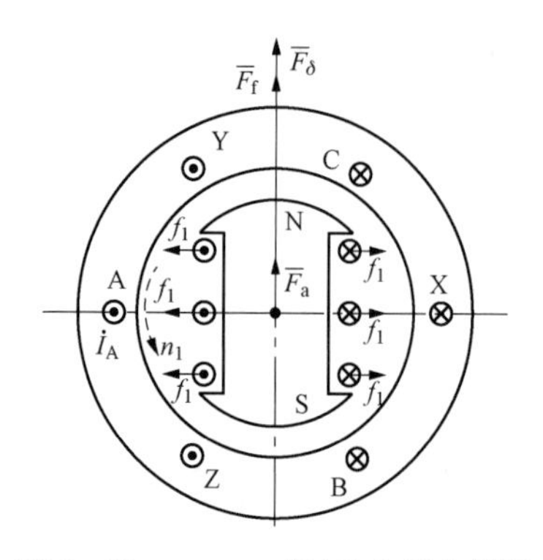

图 5-12　$\psi=-90°$时的电磁力情况

持发电机的端电压不变，需减小发电机的励磁电流。此时发电机输出无功功率。

4. 一般情况下（$0°<\psi<90°$）的电枢反应

如图 5-13 所示，把 $\overline{F}_{\mathrm{a}}$ 分解为直轴电枢磁动势 $\overline{F}_{\mathrm{ad}}$和交轴电枢磁动势 $\overline{F}_{\mathrm{aq}}$，$\overline{F}_{\mathrm{ad}}$起去磁作用，$\overline{F}_{\mathrm{aq}}$起交磁作用。此时电枢反应的性质为既有交轴电枢反应，又有直轴去磁电枢反应。此时发电机既输出有功功率，又输出无功功率。

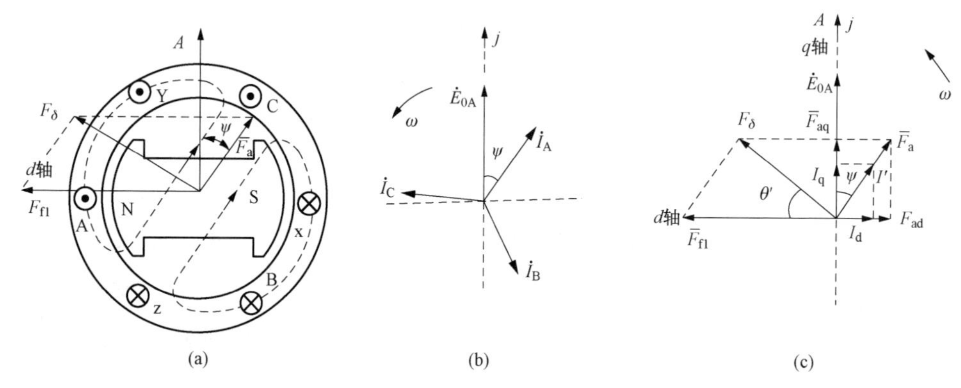

图 5-13　$0°<\psi<90°$时电枢反应

（a）空间图；（b）时间矢量图；（c）时空矢量图

三、隐极式同步发电机

1. 电动势方程式

隐极式同步发电机带对称负载运行时，气隙中存在着两种磁场，即由交流励磁的电枢旋转磁场和由直流励磁的励磁旋转磁场。在不计饱和的情况下，可以应用叠加原理进行分析，即认为励磁磁动势和电枢磁动势分别产生对应的基波磁通和电动势，它们之间的关系如下：

$$I_{\mathrm{f}} \rightarrow \overline{F}_{\mathrm{f}} \rightarrow \dot{\Phi}_{0} \rightarrow \dot{E}_{0}$$

$$\dot{I}\text{ 系统} \rightarrow \overline{F}_{\mathrm{a}} \rightarrow \dot{\Phi}_{\mathrm{a}} \rightarrow \dot{E}_{\mathrm{a}}$$

$$\dot{\Phi}_{\sigma} \rightarrow \dot{E}_{\sigma}$$

由于不考虑饱和时 $E_{\mathrm{a}} \propto \Phi_{\mathrm{a}} \propto F_{\mathrm{a}} \propto I$，即电枢反应电动势 E_{a} 正比于电枢电流 I，且相位上 $\dot{E}_{\mathrm{a}}$ 滞后 $\dot{I}$ 90°。因此，电枢反应电动势可用相应的电抗压降来表示

$$\dot{E}_{\mathrm{a}}=-\mathrm{j}\dot{I}x_{\mathrm{a}} \tag{5-4}$$

式中，x_{a} 为电枢反应电抗，对应于电枢反应磁通的电抗。

同样，由电枢磁动势产生的与转子无关的漏磁通 Φ_σ 在定子绕组中感应漏磁电动势 E_σ，也可以写成电抗压降的形式，即

$$\dot{E}_\sigma = -\mathrm{j}\dot{I}x_\sigma \tag{5-5}$$

若按图5-14规定的正方向，根据基尔霍夫第二定律可写出定子任一相的电动势方程

$$\dot{E}_0 + \dot{E}_\mathrm{a} + \dot{E}_\sigma = \dot{U} + \dot{I}R_\mathrm{a}$$

由于电枢绕组的电阻 R_a 小，所以如果忽略电阻压降，则每相感应电动势总和即为发电机的端电压，用方程表示为

$$\dot{E}_0 = \dot{U} + \mathrm{j}\dot{I}x_\mathrm{a} + \mathrm{j}\dot{I}x_\sigma = \dot{U} + \mathrm{j}\dot{I}x_\mathrm{t} \tag{5-6}$$

式中，x_t 为同步电抗，$x_\mathrm{t} = x_\sigma + x_\mathrm{a}$。

x_t 表征在对称负载下单位电枢电流三相联合产生的电枢反应磁场和一相的漏磁场在电枢每一相绕组中的感应电动势。

2. 等效电路

根据式（5-6）可以得到隐极式同步发电机的等效电路（忽略电枢电阻），如图5-15所示。它表示隐极式同步发电机为一个具有内电抗 x_t、电动势为 $\dot{E}_0$ 的电源。

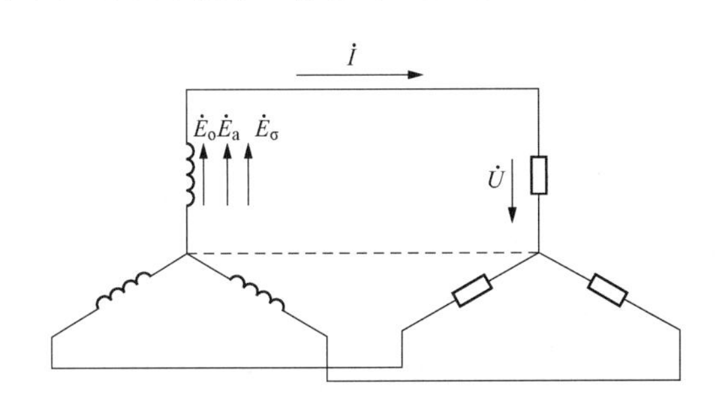

图5-14 隐极式同步发电机相绕组中各物理量的正方向

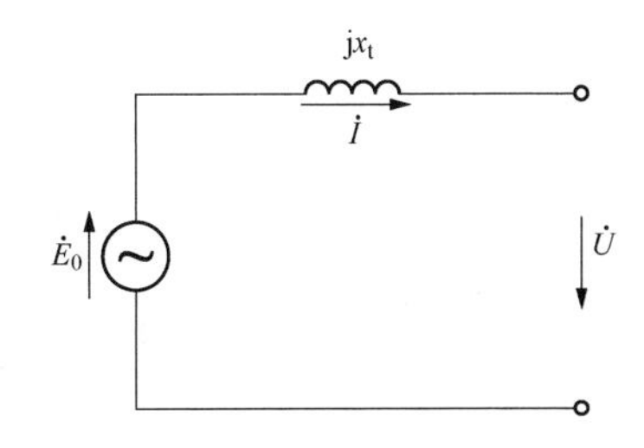

图5-15 隐极式同步发电机的等效电路

3. 向量图

通常以发电机端电压为参考向量，作带阻感性负载的简化相量图，如图5-16所示。其中 $\dot{U}$ 与 $\dot{I}$ 之间的夹角 φ 称为功率因数角；$\dot{E}_0$ 与 $\dot{U}$ 之间的夹角 θ 称为功角；$\dot{E}_0$ 与 $\dot{I}$ 之间的夹角 ψ 称为内功率因数角。

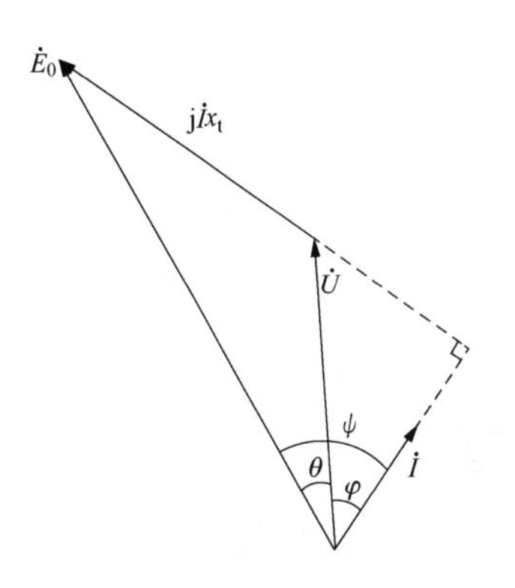

图5-16 隐极式同步发电机带阻感性负载时的简化相量图

四、凸极式同步发电机

1. 电动势方程

凸极式同步发电机带对称负载运行时，

气隙中也存在着两种磁场，由于气隙不均匀，所以在不计饱和的情况下，可将凸极式同步发电机的电枢电流 $\dot{I}$ 分解为 $\dot{I}_d$和 $\dot{I}_q$，则它们之间的关系如下：

$$I_f \rightarrow \overline{F}_f \rightarrow \dot{\Phi}_0 \rightarrow \dot{E}_0$$

$$\dot{I} \rightarrow \begin{cases} \dot{I}_d \rightarrow \overline{F}_{ad} \rightarrow \dot{\Phi}_{ad} \rightarrow \dot{E}_{ad} \\ \dot{I}_q \rightarrow \overline{F}_{aq} \rightarrow \dot{\Phi}_{aq} \rightarrow \dot{E}_{aq} \end{cases}$$

$$\longrightarrow \dot{\Phi}_\sigma \rightarrow \dot{E}_\sigma$$

类似于图 5-14 规定的正方向，可写出凸极式同步发电机定子任一相的电动势方程为

$$\dot{E}_0 + \dot{E}_{ad} + \dot{E}_{aq} + \dot{E}_\sigma = \dot{U} + \dot{I} r_a \tag{5-7}$$

忽略电枢电阻 r_a，将 $\dot{E}_{ad}$，$\dot{E}_{aq}$，$\dot{E}_\sigma$ 表示为电抗压降，即 $\dot{E}_{ad} = -j\dot{I}_d x_{ad}$，$\dot{E}_{aq} = -j\dot{I}_q x_{aq}$，$\dot{E}_\sigma = -j\dot{I} x_\sigma$，将以上关系代入式（5-7），则凸极同步发电机的电动势方程为

$$\dot{E}_0 = \dot{U} + j\dot{I}_d x_{ad} + j\dot{I}_q x_{aq} + j\dot{I} x_\sigma = \dot{U} + j\dot{I}_d x_d + j\dot{I}_q x_q \tag{5-8}$$

式中，x_d 为直轴同步电抗，$x_d = x_{ad} + x_\sigma$；x_q 为交轴同步电抗，$x_q = x_{aq} + x_\sigma$。

凸极式同步发电机同步电抗的标幺值 $x_d^* > x_q^*$，隐极式同步发电机机可视为凸极式同步发电机 $x_d = x_q = x_t$ 的一种特例。

2. 相量图

根据式（5-8）可以作出凸极式同步发电机带阻感性负载时的简化相量图，如图 5-17 所示，步骤如下：

1）以 $\dot{U}$ 为参考相量，根据功率因数角 φ 找出 $\dot{I}$ 的方向，并作出其相量；

2）根据内功率因数角 ψ，确定 $\dot{E}_0$ 的方向，即 q 轴方向；将 $\dot{I}$ 正交分解为 $\dot{I}_d$和 $\dot{I}_q$；

3）在 $\dot{U}$ 的尾端，作出相量 $j\dot{I}_q x_q$，再作出 $j\dot{I}_d x_d$；

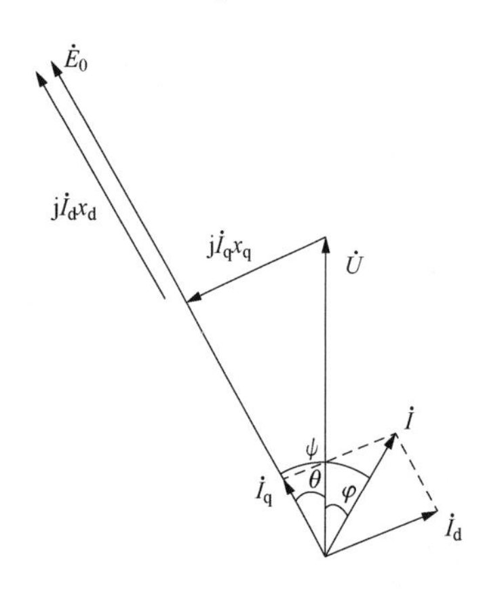

图 5-17　凸极式同步发电机带阻感性负载时的简化相量图

4）根据方程式（5-8）即可作出 $\dot{E}_0$。

习题

1. 什么叫同步电抗？它对同步发电机运行性能有何影响？

2. 为什么隐极同步发电机只有一个同步电抗，而凸极同步发电机有直轴同步电抗和交轴同步电抗之分呢？

3. 同步发电机电枢反应性质主要是取决于什么？在下列情况下各产生什么性质的电

枢反应（设发电机的同步电抗 $x_t^*=1.0$）？

（1）三相对称电阻负载；

（2）容抗 $x_c^*=0.8$ 的电容负载；

（3）容抗 $x_c^*=1.2$ 的电容负载；

（4）感抗 $x_L^*=0.7$ 的感性负载。

任务3　同步发电机的运行特性

同步发电机在对称负载下稳定运行时，在维持转速（频率）和功率因数为常数的条件下，发电机的端电压U、负载电流I、励磁电流I_f是其主要的运行参数，它们都可以在运行中被测量。它们之间互有联系，当保持其中一个量为常数，另外两个量之间的函数关系称为运行特性。同步发电机的运行特性有空载特性、短路特性、外特性和调节特性。

一、空载特性

空载特性是指发电机转速 $n=n_N$，定子绕组出线端开路（定子绕组电流为零）时，空载电势 E_0 与励磁电流 I_f 的关系，即 $E_0=f(I_f)$ 的关系称为空载特性。空载时定子绕组每相感应电动势的有效值为

$$E_0 = 4.44fN_1k_{W1}\Phi_0 \tag{5-9}$$

$E_0=f(I_f)$ 的关系曲线如图5-18中的曲线1所示，随着 I_f 的增大，E_0 将逐渐增大。受电机磁路磁饱和的影响，空载特性曲线的形状与电机的磁化曲线形状相似。

同步发电机磁路的饱和系数 k_μ 是指在空载特性上 $E_0=U_N$ 时所对应的气隙线（空载特性曲线直线部分的延长线），即图5-18中的曲线2上的电动势 E'_0 与额定电压的比值，即

$$k_\mu = \frac{E'_0}{U_N} \tag{5-10}$$

通常同步发电机的 k_μ 为1.05～1.25。

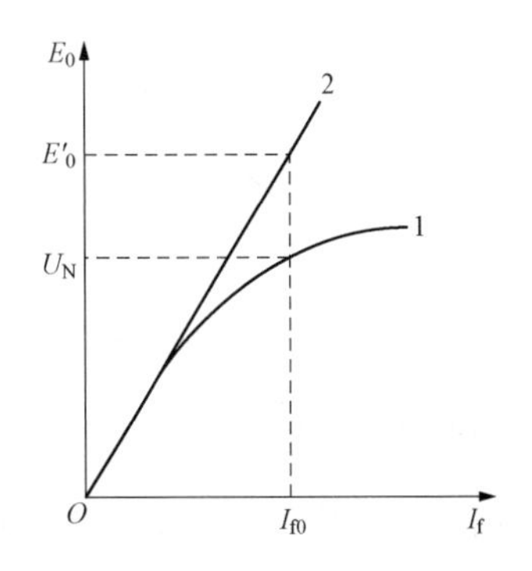

图5-18　同步发电机的空载特性

二、短路特性

1. 短路特性的定义

短路特性是指发电机转速 $n=n_N$，端电压 $U=0$（电枢绕组三相稳态短路）时，短路电流 I_k 随励磁电流 I_f 变化的关系，即 $I_k=f(I_f)$ 的关系称为短路特性。

短路时，$\dot{I}_k$和空载电动势 $\dot{E}_0$ 之间的相位差 φ_k 仅受同步电抗 x_t 和绕组本身电阻的

制约，在忽略绕组电阻时，$\dot{I}_k$将滞后于$\dot{E}_0$90°电角度，则交轴分量$\dot{I}_q=0$，其电枢反应性质为纯去磁作用。图5-19为隐极式同步发电机稳态短路时的等效电路和相量图。对凸极式电机来说，短路时交轴电枢磁动势$\overline{F}_{aq}=0$，故分析方法与隐极电机相同，只需将x_t用x_d代替，$\dot{I}$用$\dot{I}_d$来代替即可。

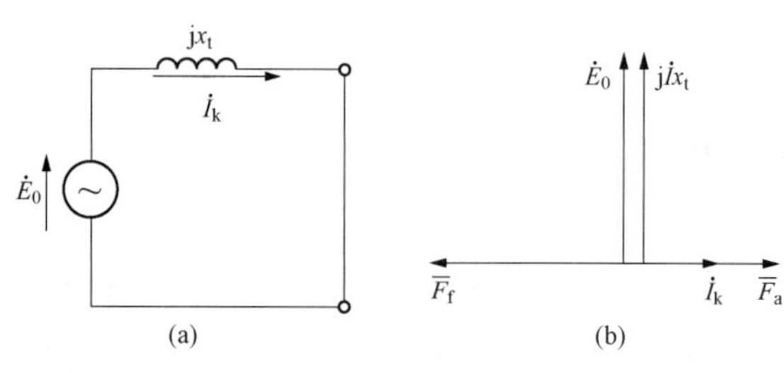

图5-19　隐极同步发电机稳态短路的等效电路和相量图

(a) 等效电路；(b) 相量图

电枢反应的去磁作用减少了电机中的磁通，磁路处于不饱和状态，因此$E_0 \propto I_f$；又由于短路电流$I_k=\frac{E_0}{x_d}$（磁路不饱和时x_d为常数），所以$I_k \propto I_f$。短路特性就是一条通过原点的直线，如图5-20所示。

2. 短路比

短路比k_c是指当发电机空载电压达到额定电压时，定子绕组三相稳态短路电流I_{k0}与额定电流I_N的比值。

由图5-21得

$$k_c=\frac{I_{k0}}{I_N}=\frac{I_{f0}}{I_{fk}} \tag{5-11}$$

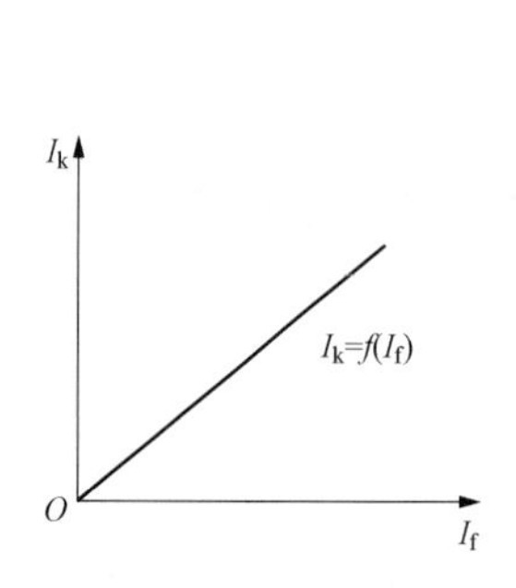

图5-20　同步发电机短路特性曲线

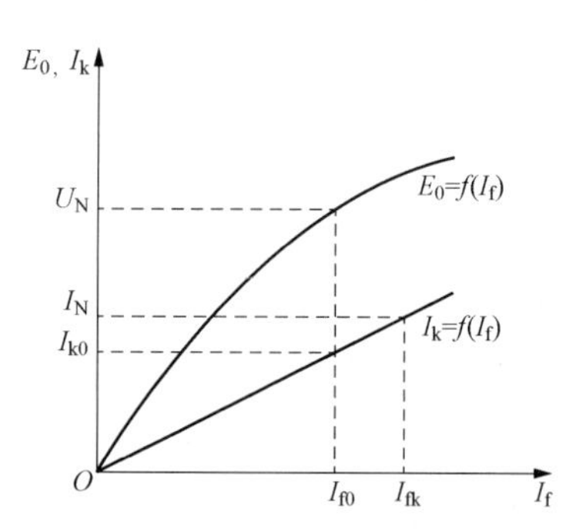

图5-21　短路比的求取

短路比k_c的数值影响发电机的性能和成本。k_c小时，短路电流小，电机成本较低，但并网后的稳定性较差；k_c大时，情况则相反。汽轮发电机的短路比通常取0.6左右，水轮发电机的短路比通常取0.8～1.2。

三、外特性

1. 外特性

外特性是指在$n=n_N$，I_f=常数，$\cos\varphi$=常数的条件下，同步发电机单机运行时，端电压U与负载电流I的关系，即$U=f(I)$的关系称为外特性。

对于纯电阻性负载（$\cos\varphi=1$）和阻感性负载（$\cos\varphi$滞后），在励磁电流不变的情况下，随着电枢电流的增大，电枢反应的去磁作用增强，同时漏抗压降增大，使端电压减小。对于阻容性负载（$\cos\varphi$超前），当负载容抗大于同步电抗时，电枢反应表现为增磁作用，随着电枢电流的增大，端电压反而增大，如图5-22所示。

2. 电压变化率

发电机的端电压随着负载电流的改变而变化。保持额定运行时的励磁电流I_{fN}和转速n_N不变，将发电机完全卸载，发电机的端电压将由U_N变化为空载电动势E_0，电压变化的幅度可以用电压变化率ΔU来表示，即

$$\Delta U=\frac{E_0-U_N}{U_N}\times 100\% \qquad (5-12)$$

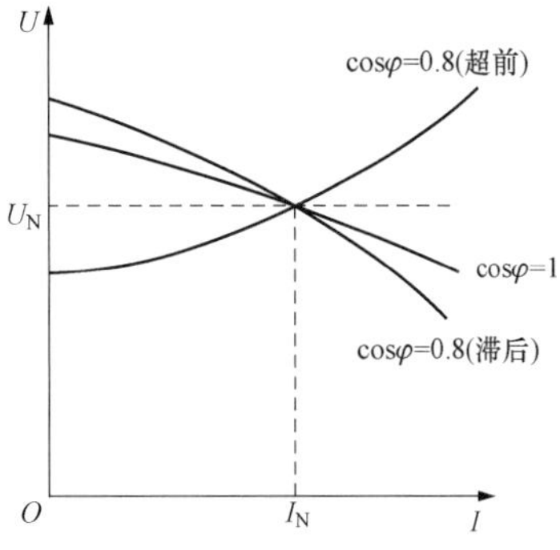

图5-22 同步发电机外特性曲线

ΔU是发电机的性能指标之一，为了防止发电机因故障跳闸切断负载时电压上升太多而击穿绝缘，要求ΔU不大于50%。

四、调节特性

从外特性曲线可知，当负载发生变化时，发电机的端电压也随之变化，对电力用户来说，总希望电压是稳定的。因此为了保持发电机电压不变，必须随负载的变化相应调节励磁电流。

调节特性是指在$n=n_N$，$U=$常数，$\cos\varphi=$常数的条件下，励磁电流I_f随负载电流I变化的关系，即$I_f=f(I)$曲线，

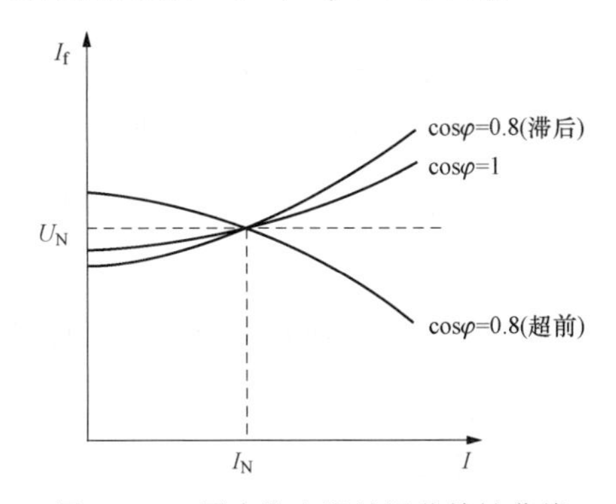

图5-23 同步发电机的调节特性曲线

对于纯电阻性和阻感性负载，为了补偿电枢反应的去磁作用和绕组漏阻抗压降，要保持发电机的端电压不变，就必须随负载电流I的增大相应增大励磁电流I_f，因此调节特性曲线是上升的。对于阻容性负载，为了抵消直轴助磁的电枢反应作用，保持发电机的端电压不变，就必须随负载电流I的增大相应减小励磁电流I_f，因此调节特性曲线是下降的。如图5-23所示。

习题

1. 同步发电机有哪些运行特性？

2. 试说明同步发电机的外特性和调节特性的内在联系。

3. 同步发电机带上（$\cos\varphi$滞后）对称负载后，端电压为什么会下降?

任务4　同步发电机的并列运行

一、同步发电机并列运行的条件和方法

同步发电机并列运行既有利于发电厂根据负载的变化来调整投入并列机组的台数，可以提高机组的运行效率，便于机组的检修，也有利于提高供电的可靠性，减少机组的备用容量。

把同步发电机并列至电网的过程称为投入并列，或称为并车。为了避免在并列时产生巨大的冲击电流，防止同步发电机受到损坏、电网遭受干扰，发电机必须满足并列条件。根据待并发电机励磁情况的不同，并列的方法和条件也不同。目前，并列的方法有两种：一种是准同步法，另一种是自同步法。

1. 准同步法

（1）准同步法并列的条件

把发电机调整到完全符合并列条件再进行合闸操作，称为准同步法。其主要用于系统正常运行时的并列，其并列条件有：

1）发电机电压和电网电压大小相等。

2）发电机电压相位和电网电压相位相同。

3）发电机的频率和电网频率相等。

4）发电机相序和电网的相序要相同。

上述条件中，除相序一致是绝对条件外，其他条件都是相对的，因为通常发电机可以承受一些小的冲击电流。而发电机相序由转子的转向决定，发电机制造厂已明确规定转向，并在发电机的出线端标明了相序，只要在安装或大修后按规定调试好，即可自动满足此条件。

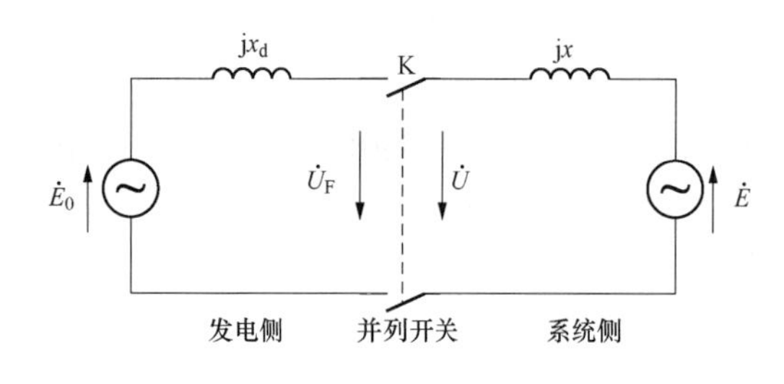

图5-24　发电机与电网并列的等效电路

同步发电机与电网并列时，在相序相同的情况下，其等效电路如图5-24所示，满足其余并列条件，就是使发电机端电压 $\dot{U}_F$ 与系统电压 $\dot{U}$ 相等，由于 $\dot{E}_0=\dot{U}_F$，$\dot{E}=\dot{U}$，所以回路电压 $\Delta\dot{U}=\dot{E}_0-\dot{E}=\dot{U}_F-\dot{U}=0$，这样，当K合上时，无论是

对发电机，还是对系统都没有冲击电流。

（2）准同步法并列的过程

准同步法并列就是检查并列条件和确定合闸时刻，在电力系统的发电厂中通常采用如图5-25（a）所示的接线方式。其中系统电压和频率由电压表Ⓥ₁和频率表(Hz₂)监视；待并列同步发电机电压和频率由电压表Ⓥ₂和频率表(Hz₂)监视；S为整步表，其外形如图5-25（b）所示，由它可监视待并同步发电机与系统频率差以及电压相位差情况。并列操作步骤如下：

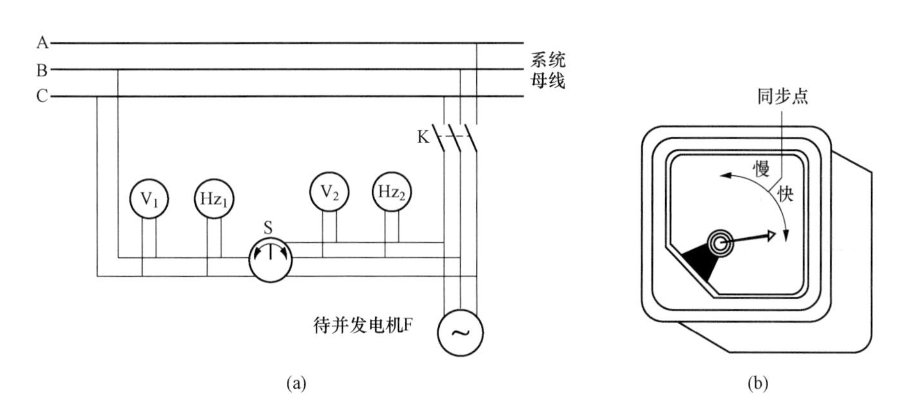

图5-25 准同步法并列的原理

（a）接线图；（b）整步表外形图

1）冲转，将发电机转速升高到接近额定转速 n_N；

2）投入励磁，调节发电机励磁电流的大小，使 $U_F \approx U$，即使(V₂)与(V₁)的读数相同，调整转速，使(Hz₂)与(Hz₁)读数接近；

3）由转换开关将整步表S接入；

4）微调发电机转速，使整步表指针沿顺时针方向（往“快”的方向）缓慢转动；

5）观察整步表指针转动情况，当指针接近“同步点”时，迅速合闸，完成并列操作；

6）合闸成功后，将整步表S退出。

2. 自同步法

准同步法并列的优点是投入励磁瞬间，发电机与电网间无电流冲击；缺点是操作复杂，需要较长的时间进行调整。尤其是电网处于异常状态时，电压和频率都在不断地变化，采用准同步法并列就相当困难。此时，可采用自同步法将同步发电机并入系统。

自同步法是指同步发电机在不加励磁情况下，把励磁绕组经过电阻短接，然后起动发电机，待其转速接近同步转速时合上并列开关，将发电机投入电网，再立即加上直流励磁，此时依靠定子和转子磁场间形成的电磁转矩，可把转子迅速地牵入同步。自同步法操作简单、迅速，其缺点是合闸及投入励磁时有冲击电流。一般常用于紧急状态下的并列。

二、同步发电机的功角特性

1. 功率和转矩平衡方程式

同步发电机的功率转换可用图 5-26 所示关系来说明，发电机来自原动机的输入机械功率为 P_1，这个功率的一部分用来抵偿机械损耗 p_{mec}、铁心损耗 p_{Fe}，其余部分便以电磁感应的方式传递到电枢绕组，这个功率称为电磁功率，用 P_{em}来表示。即

$$P_1-(p_{mec}+p_{Fe})=P_1-p_0=P_{em} \qquad (5-13)$$

式中，p_0 为空载损耗，且 $p_0=p_{mec}+p_{Fe}$。

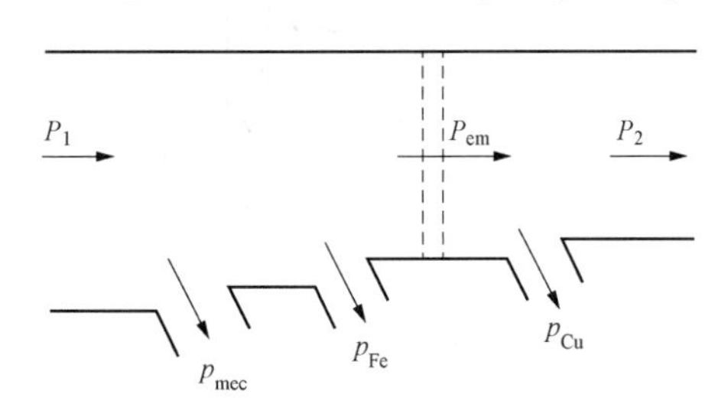

图 5-26 同步发电机的功率流程图

电磁功率中再扣除电枢绕组中的铜损耗 $p_{Cu}=3I^2r_a$，才为输出的电功率 P_2，即

$$P_2=P_{em}-p_{Cu} \qquad (5-14)$$

对于大、中型同步发电机，定子铜损耗不超过额定功率的 1%，可略去不计，则

$$P_{em}\approx P_2=mUI\cos\varphi \qquad (5-15)$$

将式（5-13）两边同除以同步机械角速度 $\Omega_1=2\pi\dfrac{n_1}{60}$，得转矩平衡方程式

$$T_1-T_0=T_{em} \qquad (5-16)$$

式中，T_1 为原动转矩，是驱动转矩，$T_1=\dfrac{P_1}{\Omega_1}$；$T_{em}$ 为电磁转矩，是制动转矩，$T_{em}=\dfrac{P_{em}}{\Omega_1}$；$T_0$ 为空载转矩，是制动转矩，$T_0=\dfrac{p_0}{\Omega_1}$。

2. 稳态功角特性

同步发电机并入电网稳态运行时，发电机的电磁功率常用励磁电动势 E_0、端电压 U、$\dot{E}_0$ 与 $\dot{U}$ 之间的相位差 θ 及同步电抗等量来表示。当 E_0 和 U 保持不变时，$P_{em}=f(\theta)$ 称为同步发电机的稳态功角特性。

（1）隐极式同步发电机的功角特性

由图 5-16 所示隐极式同步发电机的相量图可推导求得

$$\cos\varphi=\frac{E_0}{Ix_t}\sin\theta \qquad (5-17)$$

将式（5-17）代入式（5-15），则可求得电磁功率表达式为

$$P_{em} = m\frac{E_0 U}{X_t}\sin\theta \tag{5-18}$$

由式（5-18）可作出隐极式同步发电机的功角特性曲线，如图5-27中的曲线$P_{em}=f(\theta)$所示。

同步发电机输出的无功功率为

$$Q = mUI\sin\varphi \tag{5-19}$$

由图5-16所示的隐极式同步发电机的相量图可推导求得

$$E_0\cos\theta = U + Ix_t\sin\varphi$$

$$I\sin\varphi = \frac{E_0\cos\theta - U}{x_t} \tag{5-20}$$

将式（5-20）代入式（5-19）得

$$Q = \frac{mE_0U}{x_t}\cos\theta - \frac{mU^2}{x_t} \tag{5-21}$$

式（5-21）表示无功功率的功角特性，如图5-27中的曲线$Q=f(\theta)$所示。

以隐极式同步发电机为例来进一步分析功角特性。当发电机与系统并列后，系统电压U是恒定的，若励磁电流不变，则空载电动势E_0也是不变的。因此，其电磁功率P_{em}是功角θ的正弦函数。

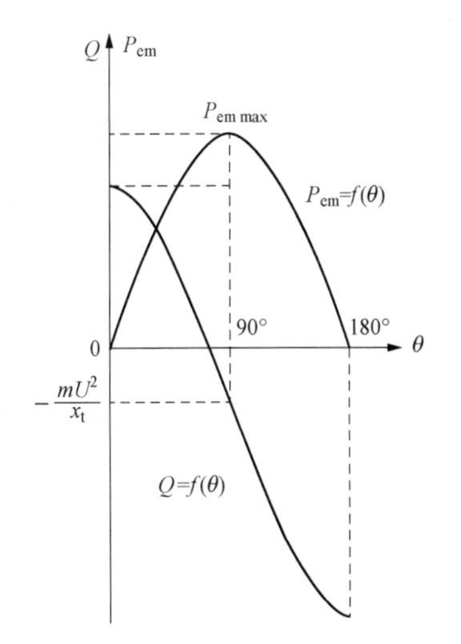

图5-27　隐极同步发电机的功角特性

当$0<\theta<90°$时，电磁功率P_{em}随θ的增大而增大；无功功率Q随θ增大而减小。

当$\theta=90°$时，电磁功率P_{em}达到最大，即$P_{em\,max}$，此值称为功率极限值。

当$90°<\theta<180°$时，电磁功率P_{em}随θ的增大反而减小。

当$\theta=180°$时，电磁功率为0。

当$\theta>180°$时，电磁功率的值变为负值，说明发电机不再向系统输出有功功率，反而从系统吸收有功功率，即由发电机状态变为电动机状态。

从以上分析看出，功角θ是研究同步发电机并列运行的一个重要物理量。它有着双重的物理意义，它既是空载电动势$\dot{E}_0$和端电压$\dot{U}$两个时间相量之间的夹角；也是励磁磁动势$\overline{F}_f$和气隙合成磁动势$\overline{F}_\delta$两个空间矢量之间的夹角。$\overline{F}_f$超前$\dot{E}_0$ 90°，$\overline{F}_\delta$超前$\dot{U}$约90°，如图5-28（a）所示。

当$\theta>0$时，转子磁极和定子合成等效磁极间的通过气隙的磁力线被扭曲，产生了电磁拉力，这些磁力线像弹簧一样有弹性地将两磁极联系在一起，如图5-28（b）所示。

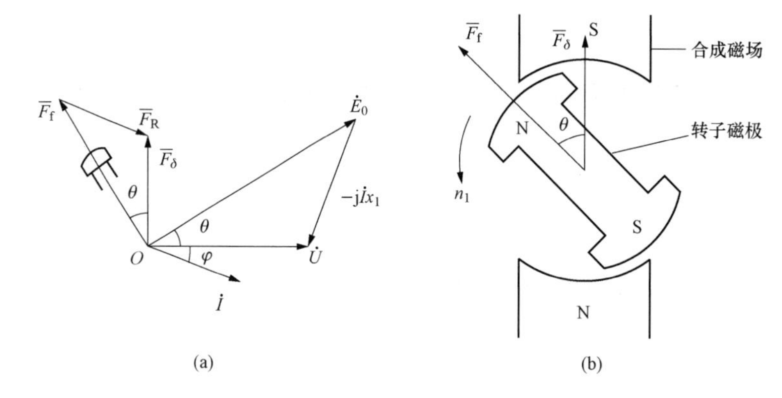

图 5-28 功角的物理意义

(a) 时空相量图；(b) 功角的空间示意图

在励磁电流不变时，功角 θ 越大，则电磁力也越大，相应的电磁功率和电磁转矩也越大。

功角 θ 不仅决定了发电机输出有功功率的大小，而且还反映了发电机转子的相对空间位置，通过它把同步发电机的电磁关系和机械运行状态紧密联系起来。转子相对空间位置的变化，则功角 θ 变化，引起发电机有功功率的变化，反过来，转子的相对空间位置又要受电磁过程的制约。

(2) 凸极式同步发电机的有功功角特性

由图 5-17 所示的凸极式同步发电机的向量图可得

$$\begin{aligned}P_{em} &= P_2 = mUI\cos\varphi = mUI\cos(\psi-\theta)\\ &= mUI\cos\psi\cos\theta + mUI\sin\psi\sin\theta \\ &= mUI_q\cos\theta + mUI_d\sin\theta\end{aligned} \tag{5-22}$$

由图 5-17 所示，可得 $I_q x_q = U\sin\theta$，$I_d x_d = E_0 - U\cos\theta$，则有

$$I_q = \frac{U\sin\theta}{x_q},\ I_d = \frac{E_0 - U\cos\theta}{x_d} \tag{5-23}$$

将式 (5-23) 代入式 (5-22)，经整理得

$$\begin{aligned}P_{em} &= m\frac{E_0U}{x_d}\sin\theta + m\frac{U^2}{2}\left(\frac{1}{x_q}-\frac{1}{x_d}\right)\sin 2\theta\\ &= P'_{em} + P''_{em}\end{aligned} \tag{5-24}$$

式中，P'_{em} 为基本电磁功率；P''_{em} 为附加电磁功率。

P''_{em} 主要由交、直轴磁路磁阻不等引起的，与励磁电流无关。根据式 (5-24) 可作出凸极式同步发电机的功角特性曲线，如图 5-29 所示。

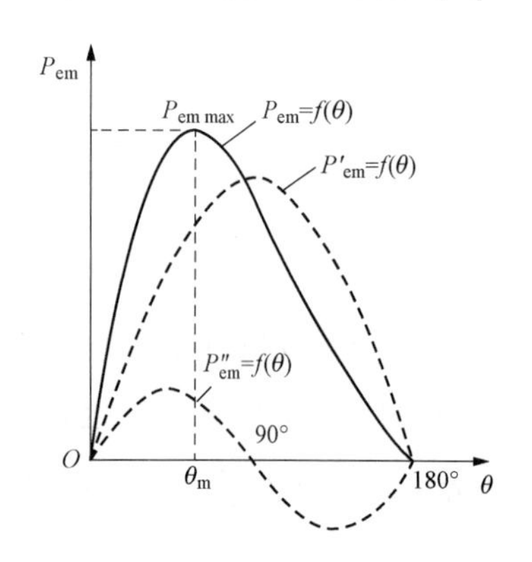

图 5-29 凸极同步发电机的有功功角特性

三、同步发电机并列运行后有功功率调节

为简化分析，现以已并入无穷大电网的隐极式同步发电机为例，略去电枢电阻和磁路饱和的影响。

1. 有功功率的调节

当同步发电机用准同步法并入电网后，该同步发电机基本上还处于空载状态，其相量图如图 5-30（a）所示，此时有功输出 $P_2=0$，原动机输入的机械功率 P_1 只与电机的空载损耗 P_0 相平衡，功角 $\theta=0$，电磁功率 $P_{em}=0$。逐渐增大励磁电流，E_0 随之增大，使 $E_0>U$，此时定子绕组虽有电流流出，但为无功电流，依然功角 $\theta=0$，$P_{em}=0$，如图 5-30（b）所示。

增大原动机输入机械功率 P_1，则输入机械转矩 T_1 增大，由于 $T_1>T_0$，所以出现了剩余转矩（T_1-T_0）使转子加速，转子的磁极轴线开始超前合成等效磁极轴线，相应地使 $\dot{E}_0$ 超前于端电压 $\dot{U}$ 一个 θ，发电机输出有功功率 $P_2=P_{em}$，同时转子上将受到一个制动的电磁转矩 T_{em}。当 θ 增大到某一数值时，使得 $T_1=T_{em}+T_0$，发电机不再加速，而在此 θ 处稳定运行，如图 5-30（c）和图 5-30（d）所示，达到稳定时有 $P_{em}=P_1-P_0=\dfrac{mE_0U}{x_t}\sin\theta$。

由此可见，要调节与系统并列运行的发电机的输出有功功率，就靠调节原动机输入的机械功率来改变功角，使输出功率改变。但并不是无限制地增大原动机输入的机械功率，发电机输出功率都会相应增大。由图 5-30（d）可知，在励磁电流一定的情况下，$\theta=90°$时，电磁功率 P_{em}达到最大值 $P_{em\max}$，$P_{em\max}=\dfrac{mE_0U}{x_t}$称为极限功率。

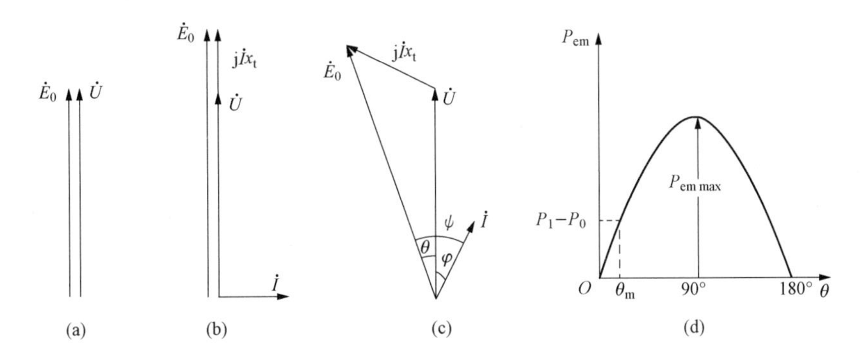

图 5-30 与无穷大电网并列时同步发电机的有功功率的调节

2. 静态稳定

并列在电网上的同步发电机在电网或原动机发生微小扰动时，运行状态将发生变化，

当扰动消失后，发电机能回复到原来的状态下稳定运行，就称它是静态稳定的；反之，就是不稳定。

在图 5 - 31 中，设最初原动机的有效输入功率为 $P_T=P_1-P_0$，则满足机械功率与发电机输出的电磁功率相平衡，即满足 $P_{em}=P_1-P_0=P_T$，在功角特性曲线上有两个运行点 a 和 b，与其相对应的功角为 θ_a 和 θ_b，那么它们的静态稳定性到底如何呢？

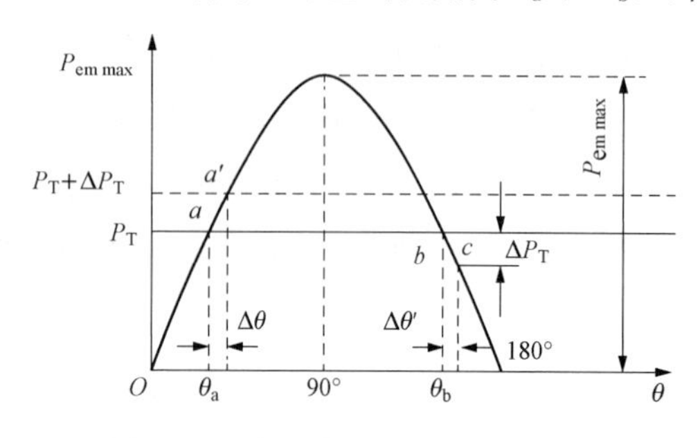

图 5 - 31　与无穷大电网并列时同步发电机的静态稳定

在 a 点，发电机运行功角为 θ_a，当系统出现一个瞬时的小扰动，使原动机输入功率增加 ΔP_T，发电机转速增加，使功角 θ_a 增加 $\Delta\theta$ 而平衡于 a' 点，相应的电磁功率也增加了 ΔP_T。当扰动消失后，由于 $P_{em}+\Delta P_T>P_T$，发电机将减速，功角 θ 将减小，运行点将渐渐回到 a 点稳定运行，因此 a 点是静态稳定的。

在 b 点，其功角 $\theta>90°$，当扰动使 P_T 增加 ΔP_T 时，θ_b 将增加一个 $\Delta\theta'$，而电磁功率 P_{em} 却减小，即使运行点移动到 c 点，也无法达到新的平衡；扰动消失后，由于 c 点低于 b 点，过剩的功率仍将使 θ 继续增大。当 $\theta>180°$，电磁功率的值变为负值，说明发电机不再向系统输出有功功率，反而从系统吸收有功功率，即由发电机状态变为电动机状态，转子将获更大加速，θ 角迅速冲过 360° 重新进入发电机运行。当 θ 第二次来到 a 点时，虽然出现了功率平衡，但由于前面累积的加速，使转子无法在此保持同步转速 n_1，θ 继续增大，第二次来到 b 点……直到发电机过速保护装置动作把原动机关掉，因此，b 点是静态不稳定的。

综上所述，发电机功角特性稳定范围在 $\theta=0°\sim90°$，而 $\theta=90°\sim180°$ 范围内无法稳定运行。在稳定运行区内，P_{em} 与 θ 同时增减，因此静态稳定的判据可写成

$$\frac{dP_{em}}{d\theta}>0 \tag{5-25}$$

反之，若 $\frac{dP_{em}}{d\theta}<0$ 则不稳定。$\frac{dP_{em}}{d\theta}=0$ 是稳定极限，此时 $P_{em}=P_{em\,max}$。在实际运行中，为了供电的可靠性，发电机的极限功率应比额定功率大，二者之比称为静态过载能力 k_M，即

$$k_M=\frac{P_{em\,max}}{P_{emN}}=\frac{\dfrac{mE_0U}{x_t}}{\dfrac{mE_0U}{x_t}\sin\theta_N}=\frac{1}{\sin\theta_N} \tag{5-26}$$

一般要求 $k_M>1.7$，与此对应的发电机的额定运行功角 $\theta_N=20°\sim35°$。随着同步发电机励磁技术的发展，θ_N 的范围可适当放宽。

四、同步发电机并列运行后无功功率调节

接在电网上运行的负载类型很多，多数负载除了消耗有功功率外，还要消耗电感性无功功率，如接在电网上运行的异步电机、变压器、电抗器等。所以电网除了供应有功功率外，还要供应大量的无功功率。同步发电机在向系统输出有功功率的同时也向系统输出无功功率，此时发电机的电枢反应在直轴方向上是去磁性质的，为了维持发电机端电压不变，必须增大励磁电流。因此，无功功率的调节必须依赖于励磁电流的调节。

下面以隐极式同步发电机为例，并忽略电枢电阻和磁路饱和的影响，分析在发电机有功功率输出保持不变情况下，调节励磁电流时电枢电流及无功功率的变化情况。

由于 $P_2=P_{em}=$常数，且 $P_2=mUI\cos\varphi=$常数，所以 $P_{em}=m\dfrac{E_0U}{x_t}\sin\theta=$常数；因为 m，U，x_t 均为定值，所以 $I\cos\varphi=$常数，$E_0\sin\theta=$常数。

图5-32（a）所示为保持 $I\cos\varphi=$常数，$E_0\sin\theta=$常数，调节励磁电流 I_f 时发电机的相量图。由图5-32（a）可见，由于 $I\cos\varphi=$常数，所以向量 $\dot{I}$ 末端的变化轨迹为水平线$\overline{AB}$；又由于 $E_0\sin\theta=$常数，所以向量 $\dot{E}_0$ 末端的变化轨迹为垂直线$\overline{CD}$。

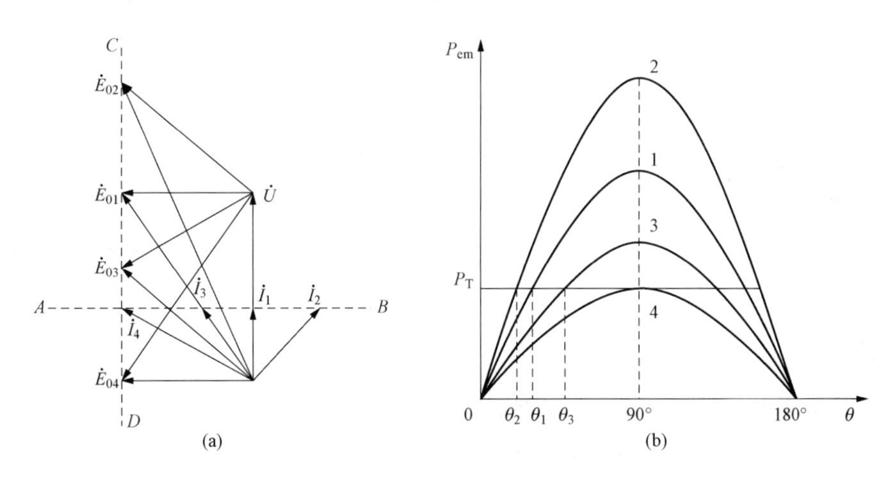

图5-32　$P=$常数、调节励磁电流时的相量图和功角特性曲线

图5-32中画出了4种不同励磁情况下的相量图和对应的功角特性曲线，分别讨论如下：

1）当励磁电流 $I_f=I_{f1}$时，相应的电动势为 $\dot{E}_{01}$，此时 $\dot{I}_1$正好与 $\dot{U}$ 同相位（$\cos\varphi_1=1$），无功功率为零，发电机输出的全部是有功功率，发电机处于正常励磁状态。

2）如果增加励磁电流到 $I_{f2}>I_{f1}$，则 $\dot{E}_0$ 将沿垂直线$\overline{CD}$从 $\dot{E}_{01}$上移到 $\dot{E}_{02}$，$\dot{I}$ 将沿水平线$\overline{AB}$从 $\dot{I}_1$右移至 $\dot{I}_2$，$\dot{I}_2$滞后于 $\dot{U}$，此时发电机处于过励状态，输出功率中除了

有功功率外，还有感性无功功率。

3）如将励磁电流减少到 $I_{f3}<I_{f1}$，则 $\dot{E}_0$ 将沿垂直线 $\overline{CD}$ 下移到 $\dot{E}_{03}$，$\dot{I}$ 沿 $\overline{AB}$ 左移到 $\dot{I}_3$，此时 $\dot{I}_3$ 超前于 $\dot{U}$，发电机处于欠励状态，发电机输出功率中除了有功功率外，还有容性无功功率。

4）当励磁电流减小为 I_{f4}，此时 $\dot{E}_0$ 与 $\dot{U}$ 之间的功角 $\theta=90°$，发电机处于静态稳定的极限。发电机的运行不仅要受到定子电流的限制，还要受到静态稳定的影响。

可见，通过调节励磁电流可以达到调节同步发电机无功功率的目的。当从某一欠励状态开始增加励磁电流时，发电机输出的容性无功功率开始减少，电枢电流中的无功分量也开始减少；达到正常励磁状态时，无功功率变为零，电枢电流中的无功分量也变为零；如果继续增加励磁电流，发电机将输出感性无功功率，电枢电流中的无功分量又开始增加。

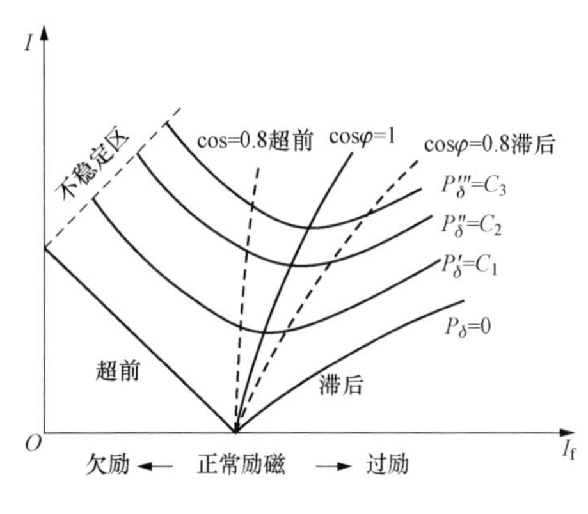

图 5-33　同步发电机的 V 形曲线

电枢电流随励磁电流变化的关系表现为一个 V 形曲线，如图 5-33 所示。V 形曲线是一簇曲线，每一条 V 形曲线对应一定的有功功率。V 形曲线上都有一个最低点，对应 $\cos\varphi=1$ 的情况。将所有的最低点连接起来，将得到与 $\cos\varphi=1$ 对应的曲线，该线左边为欠励状态，功率因数超前；右边为过励状态，功率因数滞后。V 形曲线可以利用图 5-32（a）所示的电动势相量图及发电机参数大小来计算求得，亦可直接通过负载试验求得。

习题

1. 试说明同步发电机并联运行的条件及其方法。

2. 什么是同步发电机有功功角特性?

3. 试述同步发电机静态稳定的概念? 隐极同步发电机静态稳定的功角范围是多少?

4. 什么是正常励磁、过励、欠励? 同步发电机一般运行在什么励磁状态下? 为什么?

5. 并列于无穷大电网的同步发电机，当保持负载电流为额定值，欲使 $\cos\varphi=0.8$（滞后）增加到 $\cos\varphi=0.85$（滞后），应如何调整?

任务 5　同步发电机的异常运行

同步发电机的同步电抗数值较大，它的稳态短路电流并不太大，但当发生突然短路时，其短路电流将出现一个冲击值，此冲击值将逐渐衰减而最终达到稳态短路电流值。从短路发生冲击电流出现，到衰减为稳态值，大约需经过 1～2s 的时间，这个过程称为短路的暂态过程。在暂态过程中出现的短路电流峰值常可达到额定电流的十几倍以上，这样大的电流将会在电机内部引起极大的冲击力，严重时会使定子端部受到损伤。因此，突然短路的暂态过程虽然历时很短，但是对同步发电机的运行却带来严重的影响，因此应予以介绍。

一、超导体闭合回路磁链守恒原理

同步发电机突然短路的准确分析十分复杂。本节应用“超导体回路磁链守恒原理”，从物理概念上说明突然短路后电机的内部电磁过程。

图 5-34 为一电感线圈，自感为 L，电阻为 r。当它与直流电源接通时，线圈有恒定的电流 I_0 和相应的磁链 $\psi_0=LI_0$。在 $t=0$ 时刻，将短路开关 S 合上（短接切除电源），线圈被突然短路。短路的线圈应满足微分方程：$\frac{d\psi}{dt}+ir=0$。式中，i、ψ 分别是线圈的感应电流和磁链。解此方程可求取感应电流变化的规律。

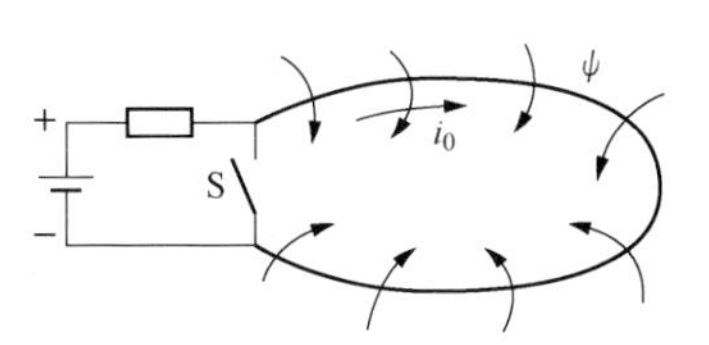

图 5-34 电感线圈的突然短路

设线圈为超导体材料（$r=0$）制成，则方程变为

$$\frac{d\psi}{dt}=0,\text{则 }\psi=\text{常数} \tag{5-27}$$

根据初始条件，$t=0$ 时，$\psi=\psi_0$，可得到它的解为：$\psi=\psi_0$。也就是说，超导体（$r=0$）闭合线圈的磁链 ψ 永远等于它短路开始前交链的磁链 ψ_0 不变，这就是超导体闭合回路磁链守恒原理。相应地，维持此磁链所需的电流也保持不变，即 $i=I_0$。

如果有外部磁场企图使该超导体线圈磁链改变，那么超导线圈中会感应产生一个电流分量，此电流分量产生的磁链始终与外来磁链大小相等、方向相反，从而维持超导线圈的总磁链不变。

线圈总是有电阻的，因此线圈中感应电流及其产生的磁链都会发生衰减。上述孤立线圈中，电流及磁链衰减随时间变化的规律是

$$i=I_0e^{-\frac{t}{T}};\ \psi=\psi_0e^{-\frac{t}{T}} \tag{5-28}$$

式中，$T=\frac{L}{r}$ 称为电流与磁链衰减的时间常数。

二、同步发电机突然短路

同步发电机三相突然短路，是指发电机在原来正常稳定运行的情况下，发电机出线

端发生三相突然短路。发电机从原来的稳定运行状态过渡到稳定短路状态，该过渡过程包括次暂态（有阻尼绕组）、暂态、稳态短路 3 个阶段。

发电机在正常稳态运行时，电枢磁场是一个幅值恒定的旋转磁场，它与转子相对静止，因此不会在励磁绕组和阻尼绕组中感应电动势和电流。但在突然短路后，定子电流及相应的电枢磁场都发生了改变，会在转子的励磁绕组和阻尼绕组中感应电动势和电流分量，转子各绕组感应的电流将建立各自的磁场，反过来又影响电枢磁场。这种定、转子绕组之间的相互影响，致使在短路过渡过程中，定子绕组的电抗小于稳态同步电抗，从而导致在短路过渡过程中定子短路电流很大，并且是一个随时间衰减的电流。

1. 突然短路后定子绕组电抗的变化

（1）次暂态电抗 x''_d

为了分析问题简单起见，假设在突然短路发生前，发电机空载运行，励磁绕组和阻尼绕组仅交链励磁磁通 Φ_0。发生突然短路时，由于各绕组要保持原来的磁通不变，因而电枢绕组中就会有交变电流分量和直流电流分量产生，对应产生直轴电枢反应磁通 Φ_{ad}；Φ_{ad}欲穿过励磁绕组和阻尼绕组，由于电感线圈交链的磁通是不能突变的，而阻尼绕组和励磁绕组又都是自行闭合的电感线圈，则 Φ_{ad}欲穿过励磁绕组和阻尼绕组时，会在它们中产生感应电动势和电流，以产生相应的磁通抵制 Φ_{ad}的穿过，从而保持原来的磁通不变。相当于 Φ_{ad}被挤出，只能从阻尼绕组和励磁绕组外侧的漏磁路径通过，如图 5 - 35（a）所示。由于此时 Φ_{ad}所经磁路的磁阻比稳态时所经磁路的磁阻大得多，因此相对应的直轴次暂态电抗 $x''_d=x''_{ad}+x_\sigma$ 比直轴同步电抗 x_d 小得多。所以此时的短路电流很大，其值可达额定电流的 10～20 倍。

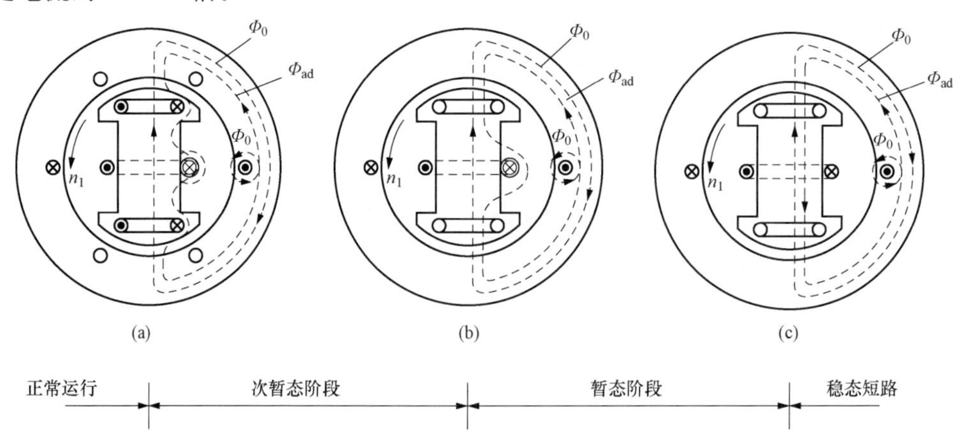

图 5 - 35　突然短路的过渡过程

（a）次暂态时的磁通情况；（b）暂态时的磁通情况；（c）稳态短路时的磁通情况

（2）暂态电抗 x'_d

由于同步发电机的各个绕组都有电阻存在，因此阻尼绕组和励磁绕组中因短路而引起的感应电流分量都要随时间最后衰减为零。在衰减过程中，由于阻尼绕组匝数少，电感小，感应电流很快衰减到零。而励磁绕组因匝数多，电感较大，感应电流衰减较慢。可以近似认为阻尼绕组电流分量衰减完后，励磁绕组电流分量才开始衰减。此时，当电枢反应磁通 Φ_{ad}可穿过阻尼绕组，但仍被排挤在励磁绕组外侧的漏磁路径上时，发电机的短路进入暂态过程。

在发电机的暂态过程中，如图 5 - 35（b）所示，电枢反应磁通 Φ_{ad}经过的磁路磁阻明显比次暂态时小，因此相对应的直轴暂态电抗 $x'_d=x'_{ad}+x_\sigma>x''_d$。此时的短路电流较次暂态过程时有所减小，但依然很大。

当励磁绕组中感应电流分量衰减为零而只有励磁电流 I_f 存在时，电枢反应磁通 Φ_{ad}既可穿过阻尼绕组又可穿过励磁绕组，如图 5 - 35（c）所示，发电机进入稳定短路状态，过渡过程结束。这时发电机的电抗就是稳态运行的直轴同步电抗 $x_d=x_{ad}+x_\sigma$，突然短路电流也衰减到稳态短路电流值。

2. 突然短路电流的衰减

前面已分析得知，短路最初瞬间由于各绕组要保持原来的磁通不变，因而定、转子绕组均有感应电流出现；又由于各绕组都有电阻，所以绕组中无能源供应的电流都要逐渐衰减，最后各绕组电流衰减为各自的稳定值。

定子电流周期性分量的最大值为 $I''_m=\dfrac{E_{0m}}{x''_d}$，当阻尼绕组中感应电流分量衰减完毕后，电枢反应磁通可以穿过阻尼绕组，电流幅值变为 $I'_m=\dfrac{E_{0m}}{x'_d}$，当励磁绕组中的感应电流分量也衰减完毕后，达到稳态短路电流，电枢反应磁通可以穿过励磁绕组，电流幅值变为 $I_m=\dfrac{E_{0m}}{x_d}$，其突然短路电流的衰减过程如图 5 - 36 所示。

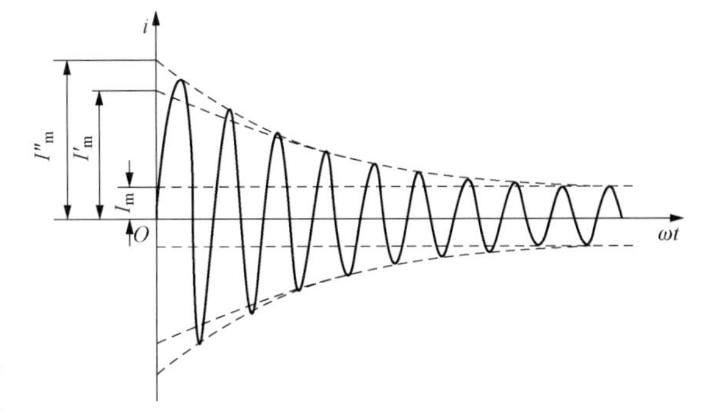

图 5 - 36 有阻尼绕组的同步发电机突然短路电流的衰减过程

短路发生的时刻不同，其短路电流的值也不同，我们把在最恶劣情况下发生短路时可能出现的最大电流值称为冲击电流 i''_m，其值可达额定电流的 10～20 倍，它出现在短路后半个周波时刻。考虑到衰减，冲击电流 $i''_m=kI''_m$，其中 k 称为冲击系数，取值为 1.8～1.9。

3. 突然短路对电机的影响

1）发电机突然短路会使定子绕组的端部受到很大的电磁力的作用。这些力包括定子绕组端部相互间的作用力 F_3，定子绕组端部与转子绕组端部相互间的作用力 F_1，以及定子绕组端部与铁心之间的作用力 F_2，如图 5-37 所示。

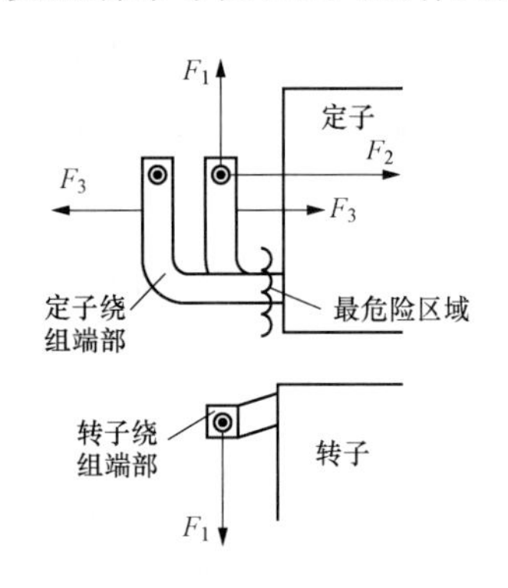

图 5-37　突然短路时定、转子绕组端部间的作用力

2）发电机突然短路还会使转轴受到很大的电磁力矩作用，所受力矩分为两种：一种是短路电流中使定、转子绕组产生电阻损耗的有功电流分量所产生的阻力矩；另一种是突然短路过渡过程中才会出现的冲击交变力矩。这些电磁力及电磁力矩能使发电机组受到剧烈的振动，并给发电机部件带来危害。

3）发电机突然短路时，由于短路电流很大，会引起绕组过热。

为了防止同步发电机定子绕组出线端三相短路，发电机定子绕组出线通常采用封闭母线。

习题

1. 为什么同步发电机突然短路电流比稳态短路电流大得多？
2. 突然短路对同步发电机的危害有哪几方面？
3. 简述同步发电机从突然短路到稳态短路的过渡过程。

参 考 文 献

[1] 许实章. 电机学 [M]. 3版. 北京：机械工业出版社，1995.
[2] 牛维扬. 电机学 [M]. 北京：中国电力出版社，1998.
[3] 周鄂. 电机学 [M]. 3版. 北京：中国电力出版社，1995.
[4] 叶水音. 电机学 [M]. 2版. 北京：中国电力出版社，2011.